U0359089

地方志災異資料叢刊

第二編

6

于春媚 賈貴榮 編

國家圖書館出版社

第六册目録

【民國】高密縣志

余有林、曹夢九修　王照青纂

民國二十四年(1935)鉛印本

高密縣志卷之一

總紀

漢

高祖四年韓信襲破齊齊王廣東走高密楚使龍且救齊信與且戰於濰水斬之按史記曹參世家參從韓信軍擊龍且軍於上假密漢書傳同注文穎曰或以為高密疑一地二名故兩載之與

六年封皇子肥為齊王薨諡悼惠傳哀王襄文王則二世食七十餘城縣境在齊封內

文帝十六年封齊悼惠王子劉卬為膠西王都高密

景帝三年膠西王卬同吳楚反伏誅國除為膠西郡尋以封皇子端仍為膠西國

青島膠東書社承印

武帝元朔四年封齊孝王劉定爲稻侯薨謚曰夷傳嗣侯陽都戴侯戚頃侯嗣侯永王莽時絕

元封三年膠西王端卒謚曰于無子國除仍爲膠西郡

宣帝本始元年封廣陵厲王子劉宏爲高密王薨謚曰良傳頃王章懷王寬王愼王王莽時絕

食膠西郡高密等五縣

成帝元始元年封淮陽王子劉竝爲高密侯無傳

鴻嘉元年封丞相薛宣爲高陽侯

新莽天鳳元年更縣名曰章牟

東漢

光武　封旗門將軍錢咸爲高密侯

按咸封建年月無考鄧禹至十三年封故列於前

建武十三年定封鄧禹爲高密侯食高密昌安夷安淳于四縣

明帝永平元年封鄧禹子震爲高密侯珍爲夷安侯震傳乾成襄某四世珍傳良康二世

晉

惠帝元康六年改封隴西王司馬泰爲高密王泰諡文獻傳孝王略王據恭王俊敬王純之王恢之宋受禪國除

按晉書地理志惠帝元康十年分城陽之黔陬莊武淳于昌安高密平昌營陵安邱蓋劇臨朐十一縣爲高密國此志有誤以營陵等五縣屬東莞郡不應以城陽統也考文獻王以六年改封九年薨不應至十年始

青島膠東會社承印

分高密國且十年正月朔卽改元永康不應復云元康十年又地理志於徐州後云太康十年以青州城陽郡之莒姑幕諸東武四縣屬東莞考城陽郡共領十縣黔陬等六縣既爲高密國自應廢郡而以莒等四縣改屬東莞二事似在一年第太康十年尚未分高密國彼此牴牾難以臆斷附識俟攷

東晉

明帝太寧元年石勒陷青州縣入後趙

按自西晉之末五胡擾亂縣屬無常沿革不能備載故附錄於此

穆帝永和七年鮮卑段龕復以青州降晉十二年龕降慕容恪縣

入燕

帝奕太和五年秦王堅執燕王暐縣入秦

孝武帝太元九年謝玄遣兵攻降青州縣復歸晉

安帝隆安三年慕容德陷廣固縣入南燕

義熙六年劉裕拔廣固縣歸晉

趙重進掠高密王徽戰没安帝末年事

南宋

明帝泰始五年魏拔青州縣入後魏

北魏

獻文帝　賜韋道福爵高密侯

按道福以贊薛安都降魏封安都獻文帝天安元年降則道福亦應於是時賜爵

北齊

顯宗天保七年省淳于入高密

按淳于即今安邱故杞城舊志沿革以縣爲淳于公遷國壤地相錯是不可知惟自西漢至魏淳于高密縣皆竝設則先賢之籍隸淳于者固不得載入高密矣故舊志人物內淳于恭徐苗今俱不錄

唐

高祖武德五年封淮安王子李孝鶯爲高密王

六年省膠西縣入高密以其地爲板橋鎮

肅宗至德元載置青密節度使領北海高密東牟東萊四郡（縣屬高密郡）

按唐末藩鎮各專其地沿及五季猶然故詳之

上元二年改青密節度爲淄青平盧節度

代宗大歷四年置海沂密都防禦使（尋廢仍以三州隸淄青平盧節度）

德宗建中三年置徐海沂密都團練觀察使（興元元年廢復隸淄青平盧節度）

憲宗元和十四年置沂海觀察使領沂海兗密四州

穆宗長慶元年升沂海觀察使爲節度使（太和八年廢大中五年復）

昭宗乾寧元年賜沂海節度使爲泰寧軍節度使

青島膠東書社承印

周

世宗時淮人寇高密田欽祚領潼州兵援之

宋

眞宗大中祥符二年追封公冶長爲高密侯鄭玄爲高密伯

欽宗靖康二年撻懶徇地山東下密州縣入金

高宗建炎元年封蔡崇禮爲高密侯

按宋宗室有多封高密郡王郡公高密侯者乃緣唐末以郡名爲封階之制非以高密縣封故不錄

膠西高密盜起

理宗端平三年旱大饑

元

世祖至元十七年開膠萊新河（二十二年罷之）

順帝至正三年地震　景芝鎮設巡檢司一員

四年旱

七年地震

八年大水

明

太祖洪武九年置山東行中書省　詔立社稷壇　詔民年七十以上者許一丁侍養　縣東十里遍產靈芝

二年免田租　立學設生員二十人　置稅課局　密水驛（嘉靖）

青島膠東書社承印

年間歲 求詳

三年免田租　詔立義塚　設科取士 八月初九日鄉試初場經義二道四書疑一道二場論一道三場策一道後十日復以騎射書算律五事試之

五年詔行鄉飲酒禮

七年改行中書省爲布政使司　建養濟院　膠河溢傷稼

八年立社學　建申明旌善亭 各社皆有

十三年免田租

十五年免田租　定生員廩饌 月米一石魚肉鹽醋皆官給之

十七年初歲貢生員

十七年定鄉會試之制 八月初九日鄉試初場四書義三道經義四道二場論一道判語五條詔誥表

內科一道三場策五道次年二月初九日令試三場同

十九年大括地六尺爲步二百四十步爲畝尺同鈔尺賜民年九十以上者米

肉酒帛

二十年詔增廣生員不拘數

二十四年審戶口定制十年一審

二十六年始定風雲雷雨山川壇

按元年令各縣立山川壇至是風雲雷雨山川爲一壇後又

以城隍共爲一壇

二十九年詔立無祀鬼神壇

成祖永樂十六年戰氏塋內產紫芝三十五莖

青島膠東齊魯承印

十八年大饑

十九年賜民年八十以上者絹布酒肉

宣宗宣德二年定增廣生員二十人

英宗正統二年增廪膳生員膳夫二名

七年霪雨傷稼

十四年令召募民壯

天順二年賜軍民八十以上者絹綿米肉

憲宗成化十八年大饑　封魯莊王子朱當湄爲高密王薨謚康穆傳安簡王健杙昭和王觀瑛王頤封三世

孝宗宏治元年改祀鄭康成於高密舊安邱春秋致祭

五年大旱自八月至明年五月不雨

武宗正德四年二月城中黑氣如籠自未經宿不散

六年流賊劉六等攻陷縣城遊擊郤永擊破之

十二年九月地震

世宗嘉靖二年二月夜黑風觸物有火光至旦乃止四野草色如焚

十四年大蝗　副使王獻開膠萊新河尋罷

十七年霪雨害稼大饑

二十三年陸家莊民家產牛一身兩頭

三十七年省稅課局

穆宗隆慶元年免田租之半

三年大水民饑

四年遣侍郎徐栻開膠萊河尋罷

神宗萬歷元年免田租

九年變賣僧尼宇舍　徵輸錢

十一年詔民墾田

十五年初行條鞭法

二十一年霪雨四十餘日田禾盡沒

二十二年大饑

二十四年内監陳增於萊屬州縣開礦今景芝鎮有遺跡

二十六年内監陳增榷稅於萊屬州縣
三十年詔開膠萊河尋罷
三十一年穀秀兩岐
三十四年大旱
四十三年旱蝗大饑人相食
懷宗崇正二年裁主簿訓導各一員
九年冬燠
十三年旱蝗大饑人相食
十五年縣城被兵知縣何平率衆固守百餘日事詳全城記
十七年正月朔大風晝晦　僞令孫握玉至土寇張輿等據城

青島膠東書社承印

作亂

清

順治元年總兵柯永討平土寇

二年令民薙髮　除明季加派三餉及召買津糧　定直省解額（山東中九十名）　定歲貢之制（縣學二年一名）　令選拔貢生　三年加鄉會試科

四年除逃亡三千八百九十九丁　豁荒田　定教官生員俸廩（教諭訓導照從九品給俸廩生每名銀十二兩）

五年春霪雨害稼　禁民畜馬　定鄉試副榜准貢之制　定州縣胥役工食之制

六年令墾荒田

九年頒六諭文

十一年增直省解額山東中九十五名

十二年梁尹社產並蒂蓮

十三年冬大雪人畜多凍死　定編審之制五年一次

裁廩膳銀三分之二

十五年令民種樹　停科試考取儒童

十六年春大括地　復廩生銀　加鄉會試科

十七年民家產一象尋斃　減直省解額山東中四十六名

十八年令民納粟入監

青島膠東書社承印

康熙元年停科試　減歲貢（縣學三年一名）　停副榜貢額　裁廩生銀三分之二

二年冬革制義（以策論取士不用八股）

三年裁儒學教諭

四年夏大旱（自去年八月至四月不雨）　免錢糧

六年五月太白經天六月太白晝見

七年六月十七日地大震有聲如雷火光四散城堞盡圮壞民廬死者無算夏莊地坼數處水湧如墨旋合十八日復震七月十七日八月十八日再震　冬彗星見　免錢糧十分之二

復制義　裁減胥役工食

八年增直省解額（山東中五十三名）復歲貢舊制

九年冬大雪平地深四尺　頒上諭十六條

十年弛馬禁　定選拔貢生十二年一次

十一年五月二十九日地震　復副榜貢額

十三年四月五月大風霾氣蒸如火飛塵四塞入夜處處聞擊柝聲就視寂然久之乃安

十二年復科試並考取儒童

十四年夏四月十七日隕霜殺麥冰厚半寸　六月暴雨三日田禾多沒

十五年初稅街房（時討吳逆晉撫達爾布疏稅民間樓瓦草房樓一間銀四錢房一間銀二錢）

青島膠東書社承印

加徵官糧（科臣張惟赤疏陳官戶每正賦一兩加銀三錢）　減儒童額（歲科兩試俱四名）

十六年夏有大星流入東北光亦如日　秋七月霪雨二十餘日河水溢淹斃人畜田禾漂沒　濰渠二河有龍鬭

十七年令捐納生員（文生員銀一百兩）　大旱

十八年春大饑斗粟千錢草根樹皮掘剝殆盡　秋虫食禾

十九年令捐納歲貢　令捐納武生（捐文生之半）　復設教諭　再稅街房（樓加銀二錢房加銀一錢）　復儒童舊額

二十一年停徵官戶加糧

二十五年欃槍見

二十六年除街房稅

二十七年天鼓鳴星隕
二十九年免錢糧　令民捐穀備荒每畝三合
三十年麥秀兩岐穀三岐
三十一年夏大風拔木發屋　令民捐穀備荒每畝四合
三十九年停選拔貢生
四十年夏六月二十九日大雨如注自午至申震雷晝晦火光四散觸物皆焦平地水深數尺小康河溢漂沒廬舍
四十二年霪雨彌月禾稼盡沒
四十三年大饑人相食死者枕藉　夏大疫村落幾墟　遣使賑濟　免四十三四十四兩年錢糧

四十四年裁縣丞　增直省解額山東中六十七名

四十六年免四十二年未完錢糧

四十八年日中有黑子摩盪

四十九年日暈有青紅二色歷午未二時乃散

五十年增直省解額山東中七十二名

五十二年加鄉會試科　免錢糧　賜民年七十至九十以上者絹布米肉有差

五十四年立社倉

五十五年令新增人丁永不加賦

五十八年霪雨害稼壞民廬舍無算　賑濟

雍正元年加鄉會試科　廣解額山東中九十二名　四月十一日大風

黴　縣民劉巨卿一產三男　定墾田起科之制水田六年旱田四年

二年定高密爲大學取儒童十五名

三年舉老農　頒聖諭廣訓

四年麥秀兩岐

五年定選拔貢生六年一次

六年十月十三日民訛言有賊兵至婦女奔竄越日乃定

八年霪雨害稼　五龍河西徙　賑濟　免錢糧十分之一有

奇

九年免錢糧十分之二有奇

十一年免錢糧十分之一有奇

十二年靈山衛二十一屯錢糧改歸高密

乾隆元年加鄉試科　廣解額山東中九十六名　加儒童額七名　賜民婦年七十至九十以上者絹布米肉有差　免錢糧十分之四　賜八十以上老民八品頂帶　免雍正十二年以前未完錢糧

二年加會試科　加儒童額七名　復廩膳銀

四年彗星見

七年膠河于灘口決

十年彗星見　更會試期於三月

十一年霪雨連月田禾盡沒　十月雷

十二年自去年八月不雨至五月二十八日乃雨既雨連月不止是歲麥禾全無民大饑

十三年免錢糧　夏大蝗平地湧出道路場圃皆滿所過田禾根株無遺　遣使賑濟

十四年免錢糧十分之三

十五年霪雨害稼　免成災地畝錢糧十分之一

十七年加鄉會試科　賜民婦年七十至九十以上者絹布米肉有差　令選拔貢生十二年一次

乾隆二十二年五月日有黑子磨盪

二十五年加鄉試科　廣解額

二十六年加會試科

三十五年免山東租賦　加鄉試科　廣解額

三十六年加會試科　廣儒童額

四十三年免科賦

四十四年加鄉試科　廣解額　廣儒童額

四十五年加會試科

五十年春大旱　秋大水民饑　恩賜千叟宴

五十一年大雨水饑

五十三年加鄉試科　廣解額　廣儒童額

五十四年加會試科

五十五年春三月大霜傷麥禾　免租稅

五十八年冬濰水溢

五十九年加鄉試科　廣解額

六十年加會試科　廣儒童額

嘉慶元年加鄉試科　廣解額　詔舉孝廉方正　廣儒童額

二年恩賜千叟宴　加會試科

三年免租賦

四年夏大雨水淤沒市廛殆盡城塌十餘丈

十一年秋大風震雷拔木壞房屋

青島膠東書社承印

十二年春風霾晝晦如夜移時復明至夜風雨大作壞民居無算秋七月星隕如燈天鼓鳴

十五年饑

十六年饑

十七年大饑人相食　免租賦

十八年免租賦

二十二年免租賦

二十三年加鄉試科　廣解額

二十四年加鄉試科　廣儒童額

道光元年大雨水濰河溢　加鄉試科　廣解額　五星聚奎

二年詔舉孝廉方正　加會試科　廣儒童額
三年緩逋賦　秋大有年
七年春晝晦恆星見　緩逋賦
十一年夏隕霜傷麥　秋大熟
十二年夏隕霜傷麥禾民大饑　加鄉試科　廣解額　廣儒
童額
十三年加會試科
十四年春饑
十五年免民欠租賦　春饑　夏霪雨歲大饑　加鄉試科
廣解額

十六年免民欠租賦　加會試科　大疫民饑

十七年免民欠租賦　春饑秋禾熟　正月邑城戒嚴因濰邑敎匪

十八年免民欠租賦　歲大稔

十九年四月隕霜傷麥

二十年加鄉試科　廣解額

二十一年六月地震　加會試科

二十二年春大風雪壞房屋　秋蝗

二十三年春天欃見氣如練首尾鋭亘室入漢界奎壁間逾月沒

二十四年免民欠租賦　夏大雨濰水泛溢　歲欠收

二十五年免民欠租賦　加鄉試科　廣解額　秋霪雨傷禾

二十六年免民欠租賦　加會試科

二十八年免民欠租賦　五月日赤如血

二十九年彗星見

三十年元旦樹介　申刻日食　廣儒童額

咸豐元年免民欠租賦　蝗蝻傷禾稼　詔舉孝廉方正　加鄉

試科　廣解額　天鼓鳴

二年免民欠租賦　地震　加會試科

三年免民欠租賦　詔各邑團練　廣儒童額　歲熟

四年免民欠租賦　三月日赤如血

五年旱蝗　免民欠租賦

六年旱蝗　免民欠租賦　四月天降黃塵

七年夏隕霜傷禾　蝗　免民欠租賦

八年彗星見　太白晝見　春蝝生傷欠稼　免民欠租賦

九年春大雪雷電　秋旱蝗不爲災　加鄉試科　廣解額

十年加會試科　團練　免民欠租賦　彗星見　秋旱蝗

十一年春捻匪破景芝鎮邑城戒嚴　夏麥大熟　彗星亘天

八月初一日月合璧五星聯珠　初八捻匪入縣境焚掠甚慘

停鄉試科　免租賦　大疫

同治元年免民欠租賦　加鄉試科　廣解額　詔舉孝廉方正

彗星見

二年免民欠租賦　加會試科　廣儒童額　加生員一名定爲制

六年免民欠租賦　捻匪東竄邑城戒嚴　停鄉試科　秋大疫

七年免租賦

八年知縣周麟章濬五龍等河春旱三月雪大有年

十年夏大霜傷麥禾

十二年知縣陳來忠倡修通德書院　秋大旱　天鼓鳴

十三年增生單錫紱等聚金贖戰孝子墓田重建碑記撐孝子

裔孫戰作霖爲嗣知縣周麟章捐廉增置墓田知縣陳來忠捐廉益之立有碑碣　夏大雨雹傷禾稼　歲欠收

光緒元年加鄉試科　廣解額　詔舉孝廉方正　秋大風傷禾

二年加會試科　廣儒童額　旱歲饑流民載道

五年大水

七年秋霪雨　知縣陳祁壽奉札勸捐積穀

十年秋旱　團練　知縣胡錫祐添修書院號舍

十三年麥大熟　太白晝見

十五年加鄉試科　廣解額　白虹貫日　霪雨

十六年加會試科　春隕霜殺禾　秋大雨雹

十八年麥秀雙岐 秋蝗不爲災

十九年加鄉試科 廣解額

二十年加會試科 團練 冬雷

二十一年夏大風雨拔木 廣儒童額

二十二年丙申 山東巡撫李秉衡請將全省綠營兵額分年裁撤

二十三年丁酉 德人入青島據之

二十四年戊戌 德人修膠濟鐵路 春正月改以策論試士 秋八月清太后訓政復制藝

二十五年己亥 德人築路至縣境民間不知爲清廷所許縣

濟南膠東書社承印

民孫文率徐元祿李金榜等聚衆抗拒夏六月清庭命山東大吏殺孫文李金榜下獄（膠濟路修至縣境姚戈庄有西鄉官亭孫文號召柳溝河西一帶南自葛家集北芑崖網北百零八村各村首領耿家店徐元祿徐元和繩家莊李金榜坊嶺王廷幹毛家莊張繡廣楊克明楊光興劉效維楊家莊楊志敏楊紀瑞等聚衆與德人相抗三月清廷派胡殿桂將孫文徐元祿李金榜楊紀瑞等捕殺衆敗抗森力六月六日在五龍河不期而會者三千餘人衆圍縣城劫出孫文等胡見民氣洶湧勢不可遏遂於即日殺孫文）

二十六年庚子　義和團起　九月德軍入縣城四出彈壓毛家莊李家營杜家沙窩等莊被德軍焚殺甚慘　十月德軍退出縣城復在縣北古城建築營房長久駐軍

二十七年辛丑　奉文各州縣設立學堂

二十八年壬寅　裁綠營兵改練巡警

二十九年癸卯　省鑄銅圓行使各州縣

三十年甲辰　升膠州爲直隸州縣屬焉

三十一年乙巳　停科舉及歲科試　德軍撤退山東巡撫楊士驤以四十萬元贖回膠高兩處營房　知縣姚贊元濬五里橋五龍柳溝魚池界河等河沿河居民至今德之

三十二年丙午　部頒禁烟章程　設勸學公所

三十四年丁未　至聖先師孔子升大祀

三十五年戊申　山東設諮議局高密選議員二人

宣統元年己酉

二年庚戌

三年辛亥　設縣上級議會　秋八月湖北武昌革命軍起義

冬十月山東宣布獨立

中華民國元年壬子　改用陽歷　三月成立臨時省議會　八

月成立正式省議會　恢復縣上級議會　勸民剪髮

二年癸丑　田賦改徵銀元並帶徵教育附捐自治附捐　設

商會

三年甲寅　令解散省議會及縣上級議會　八月日本對德

宣戰　九月日軍自龍口登岸攻靑島以高密爲後防迫令供

給餉糈德軍敗退日人入據靑島復分兵進至濟南佔據膠濟

鐵路全綫

四年乙卯　令以關岳合祀通行各縣頒關岳合祀典禮　改視學所爲勸學所　巡警局改組警察隊　十二月三十一日大總統袁世凱改元洪憲

五年丙辰　三月袁世凱取消洪憲年號　五月呂子人以東北革命軍名義響應討袁據縣城獨立旋就編遣　是年恢復省議會

六年丁巳　調查民軍起事地方賠償損失不果行

七年戊午　省議會第二屆選舉議員高密當選二人　創設警備隊帶徵附捐　設地方財政管理處

八年己未　徵收牲畜屠宰兩稅公益捐

九年庚申　設勸業所
十年辛酉　省議會第三屆選舉高密當選一人
十一年壬戌　日本交還青島及膠濟鐵路
十二年癸亥　改勸學所爲教育局　設地方自治籌備處
令各縣清鄉成立清鄉局
十三年甲子　勸婦女放足
十四年乙丑　改勸業所爲實業局　十月設萊膠道以膠縣知事兼道尹轄膠縣高密卽墨平度掖縣昌邑濰縣安邱諸城九縣組織九縣警察隊
十五年丙寅　設貨物稅局

十六年丁卯　江浙五省總司令孫傳芳部陸殿臣軍來縣謀獨立不數日退走　十月南鄉大刀會匪起道鄉莊仲家莊罹禍尤慘

十七年戊辰　四月張宗昌離濟南北遁其膠東副司令顧震部盛祥生旅來縣索款逼城下警備隊長李鴻功拒之盛用重砲轟城城陷李鴻功死焉　山東省政府設於泰安　裁萊膠道并改縣公署爲縣政府　省政府委張化成爲高密縣縣長設臨時縣政府於呼家莊時日人佔據膠濟鐵路及濟南沿鐵路二十華里以內中國不得駐兵匪首陳子成乃乘此時機入據縣城勒款派捐旋又與徐頭華亭結合盤踞數月居民稍有資者多逃亡縣之四境悉成匪區所在蠭起西鄉王子明宋煥金等各擁衆數千人東鄉楊麻子王世義等亦聚衆擾亂猖獗一時

青島膠東書社承印

十八年己巳 春日本交還濟南及膠濟鐵路 中央軍范熙績軍來縣徐匪華亭受招撫 高密車站日軍撤退 省政府移回濟南 省委李正時爲高密縣縣長 縣黨部縣法院相繼成立

十九年庚午 改財政管理處爲財政局 奉令徵收田賦每銀一兩徵洋四元 六月第一軍團韓總指揮復榘由濟南退却來縣（時晉西面包圍濟南各國領事團恐引起戰事與韓商令退讓韓遂率隊退至周村青州昌樂濰縣高密等處）省政府移駐青島 八月西北軍退出濟南韓總指揮入濟南省政府由青島遷回韓總指揮旋奉令兼任省政府委員主席 九月縣警備隊改編民團歸魯東總指揮節制同時奉令成

立聯莊會　設區公所

二十二年癸酉　改財政建設教育等局爲縣政府第三四五科

二十三年甲戌　春劉匪桂堂由冀北大舉竄山東國軍節節兜勦四月匪由諸城北竄犯縣境經聯莊會長張步雲督鄉團襲擊之奪獲槍械馬匹等匪向西南潰退　十月遣散民團

十一月取消區公所　裁區長缺同時成立聯莊會訓練總處

二十四年乙亥　實倉儲三千石

（清）保忠、吴慈修　（清）李圖、王大錀纂

【道光】重修平度州志

清道光二十九年（1849）刻本

大事記序

昔蘇潁上譏史遷創爲列傳壞編年之體一切失其世次使考古者無所據其言韙矣宋袁仲樞機因有大事本末之記其篇名原於褚少孫補公卿表朱子以爲善蓋制行貴乎愼小而警世垂法必舉其大則懲創明而震惕易生儒者所以磨頑礪鈍爲輔世佐民之微權也舊志本有此目而稽古未備間書失其實與所濫及爲芟削補益之又舊有祥異志本正史天文五行二志爲之者與大事爲二然遇災異賑救二志並收則複偏志則不備故亦併於茲志蓋少孫舊篇實兼有之其原亦出於春秋惟星日之變削而

不書蓋近時方志家識天文者少其言既未確而欽定四庫全書以安邱志有天文爲譏謂天文果爲安邱一邑示警耶此義又當懍承云

周靈王五年齊晏弱率師圍萊萊大夫王湫正輿子率棠人軍齊師敗於齊萊子奔棠晏弱圍棠卒滅萊

定王十八年晉郤克率師伐齊遊兵東至於膠

烈王七年齊封其即墨大夫某義宜書名而史逸之故書某後倣此

顯王某年齊以客卿孟軻言發棠粟賑民

赧王三十一年燕樂毅率師破齊遷左軍徇膠東東萊齊臨淄市掾田單以其宗奔即墨

三十五年樂毅率師攻即墨即墨大夫某死之毅遂圍即墨即墨人立田單爲將軍以拒燕

三十六年燕以騎劫代毅圍即墨發民落田單以即墨人擊燕敗之殺騎劫遂復齊封單爲安平君

齊王建二十六年齊即墨大夫某諫其君建入秦弗聽王應麟曰封即墨大夫燕下齊七十餘城惟莒即墨不下田單以即墨破燕齊王建將入秦即墨大夫入見謀臨晉武關之策建不聽而亡吁何即墨之多君子也建能聽即墨大夫之謀則齊可以勝秦矣國固未嘗無主也

秦始皇三十年祠月主於之萊山

楚義帝元年項羽徙齊王市爲膠東王都即墨六月田榮追殺市於即墨並其地

漢高祖四年漢相國韓信襲破齊走其王廣齊將田既軍膠東信遣將灌嬰擊既殺之立膠東郡

五年以膠東等六郡封子肥爲齊王

文帝十六年四月分封齊王子白石侯雄渠爲膠東王

景帝元年九月膠東下密人年七十頭生角角有毛按下密治在今昌邑漢書五行志以兵事爲四齊禍亂之兆及於膠東故書之

三年雄渠以發兵應吳楚反伏誅復置膠東郡

四年四月立皇子徹爲膠東王

七年四月立王徹爲皇太子膠東復爲郡

中二年立皇子寄爲膠東王

中五年王寄入朝王四年

後元三年王寄入朝王八年

武帝元光元年王寄入朝王十五年

元朔元年封菑川懿王子衍爲平度侯

五年王寄入朝王二十五年

元狩二年王寄入朝王二十八年

三年王寄薨弗立太子詔以長子賢嗣王封少子慶爲六安王

太初三年膠東太守延廣入爲御史大夫詳考說

元封元年帝幸東萊祠月主於之萊山

四年哀王薨

五年膠東王通平立

元鼎四年以膠東王尚方欒大爲五利將軍封樂通侯尚當利公主

五年欒大有罪誅以求仙多欺罔

太始四年復祀月主於之萊山

昭帝始元四年戴王薨

五年膠東王音立

宣帝本始元年四月以鳳凰集東萊行赦詔勿收天下田租

地節三年春三月賜膠東相王成爵關內侯

四年山陽太守張敞上書自請治渤海膠東盜詔拜敞膠東王相

賜黄金三十斤辭是年敝在膠設購賞盜羣開令開者開其前罪以令符來也

相斬捕除罪膠東盜平

神爵元年春以方士言令祠官祠太室山於即墨三戶山於下密

出漢書郊祀志本志下又有祠口成山祠刀萊山之文萊山承上祠萊山於黄文詞甚明與封禪書之萊山有别文獻通考以爲爾地是也舊志府志採其文於萊山加一之字謂在平度聽改史文義有未安故刪之郊祀志信不盡同封禪如云祠三山八神於曲城與封禪書迥殊亦可改從封禪書爲八地乎

成帝建始四年頃王薨

河平元年膠東王授立

永始二年恭王薨

三年膠東王殷立

平帝元始五年閏月封中郎將陳鳳爲盧鄉侯

王莽始建國元年置郁秩郡於故郁秩縣以前膠東王殷爲扶崇公殷弟徐鄉侯快王子侯表作炔起兵誅莽攻即墨城不克死之殷自繫請罪於莽莽釋殷益封至萬戸更即墨爲即善更平度侯國爲利盧縣

二年莽罷扶崇公劉殷爲民

東漢光武帝建武二年劉永僞大將軍張步徇膠東三年瑯邪太守陳俊討永斬之

十三年改封冠軍侯賈復爲膠東侯食六邑以故郁秩爲膠東國郁復即善爲即墨省利盧入當利詳考訛

三十一年剛侯嶷

明帝永平元年膠東侯忠立忠以下薨立年不可考故缺

二年以東萊之盧鄉與昌陽東牟均屬瑯邪國

章帝建初元年膠東侯毓有罪國除以故剛侯子郁爲膠東侯宗爲卽墨侯各食其縣屬北海

章和二年膠東侯宗卒

和帝永元元年膠東侯參立

安帝元初元年以膠東侯建尚臨潁公主兼食三縣

順帝漢安某年以膠東侯相吳祐爲齊王相

靈帝熹平二年東萊北海水溢漂沒人物八五行志不言縣廣及一郡者本其原文書

之義兒前老人生角

獻帝初平元年膠東縣人公沙盧不應調發守縣令北海功曹王修斬盧於其家縣冠平

晉武帝咸寧三年以膠東即墨屬長廣郡

後魏太武帝某年封井陘侯豆代田爲長廣縣公自晉以後侯王雖有食戶不蒞其國事故書從略

獻文帝皇興四年徙即墨治膠東徙長廣郡治於新即墨以故即墨爲長廣縣徙膠東縣於北海

孝莊帝建義元年封散騎常侍元暐爲長廣王食千戶

永安元年以開國膠東縣侯李偘希復其祖爵南郡王徙長廣王

瓛爲東海王

孝武帝某年改封城陽縣公宇文顯和爲長廣縣公

東魏孝靜帝元象元年封丞相齊王高歡子湛爲長廣郡公

北齊文宣帝天保元年封弟儀同三司長廣公湛爵爲王

七年移長廣郡治於中郎城並卽墨於長廣縣省東萊之盧鄉入之（時公有縣郡之分王必以郡郡治移則王之國移故湛自八年爲尚書令事皆不書）

周世宗保定元年以魏故長廣縣公宇文顯和子神舉襲其父爵（以異代故不書立而書以某襲父爵）

四年移封長廣公神舉清河郡公

隋文帝開皇十六年復置盧鄉

仁壽元年更長廣爲膠水縣省盧鄉入昌陽後漢書琅邪孝王傳唐章懷太子賢註盧鄉故城在今昌陽縣西北即今州西北五十里北城子唐時爲昌陽之西界

唐中宗景龍三年太常博士蔣欽緒上書請罷皇后南郊

元宗開元十三年以御史中丞蔣欽緒錄囚河南宣慰百姓此諸道宣慰使之始

天寶十五載贈前死賊東京留守司判官蔣清爲吏部郎中

肅宗至德元載改贈蔣清禮部侍郎

代宗大歷十二年以蔣沇爲御史中丞東京副留守

德宗建中四年大理寺卿蔣沇奔行在爲賊所執逃歸

貞元某年散騎常侍蔣沇卒贈工部尚書

文宗太和元年吏部郎中王高請謚贈禮部侍郎蔣清予謚曰忠

宋太宗端拱二年大旱民多饑死詔貸民粟人五斗

眞宗大中祥符八年春賜蔡齊進士及第始用七騶按百官公卿表例及卿乃書明史七卿表因之齊之及第例不及書以賜七騶記禮制之變故特書

乾興元年二月以帝崩遣戶部度支副使權給事中蔡齊于契丹告哀

仁宗天聖八年以起居舍人蔡齊充翰林學士加侍讀學士賜爵汝南縣開國子食邑五百戶

九年以龍圖閣直學士蔡齊爲西京留守改知密州遷南京留守進爵爲侯增邑五百戶

十年齊入爲右諫議大夫權御史中丞判吏部事

明道元年御史中丞蔡齊上書諫止皇太后劉氏遺詔以皇太后楊氏同裁軍國事

明道二年拜齊爲樞密副使

景祐二年齊諫以富人陳氏女爲皇后還其家立皇后曹氏拜齊禮部侍郎參知政事賜號推忠佐理功臣進柱國

三年參知政事蔡齊表請罷職不許

四年齊罷參知政事以戶部侍郎歸班改賜推忠輔德功臣上柱國

寶元二年知潁州事戶部侍郎蔡齊卒贈工部尚書謚曰文忠

神宗熙寧某年天章閣待制蔡延年出爲秦鳳路轉運使改龍圖閣直學士

某年以蔡延年知成都軍兼兵馬都鈐轄又改知定武軍

哲宗元祐某年知定武軍事蔡延慶入爲工部侍郎轉拜吏部侍郎

度宗咸淳五年正月大水

六年三月旱蝗

金章宗明昌三年膠水縣主簿祖仇香修學宮有碑詳金石

元世祖至元十七年用萊人姚演言發益都淄萊寧海兵萬人開膠萊河以宣慰使來阿八赤督其役

十八年免益都淄萊等海開河夫今年租賦仍給傭直

十九年鑿膠萊諸閘成以來阿八赤爲膠萊漕運使

二十年膠萊河運船壞詔更治海運世祖本紀註迪考云先用王積翁議廣開新河然新河候潮以入船多損壞民亦苦之於是罷新河事海運又何榮祖傳初宣慰使樂實姚演開膠州海道有制禁諸人毋得沮撓而糧船過漆風多漂覆樂實不之信督諸漕卒代償榜掠慘毒自殺者相繼按察官莫敢言榮祖曰第言之若朝廷見譴吾自當也即上奏詔免徵膠萊運卒賠粟

二十二年春增濟州糧船三千罷膠萊所鑿新河是年勅樞密院計膠萊諸處漕船備征日本

二十六年罷膠萊海道運糧萬戶府

仁宗延祐六年監縣脫歡察兒以前典史劉毓督修學廟詳金石

順帝元統三年膠水尹只兒塔忽修學廟詳金石

至正十三年縣尹李茂修學廟詳金石

十八年毛貴屯田於萊州凡三百六十處

二十二年六月蚜蚄生

二十三年置膠東行中書省及行樞密院總制東方事以長宏爲行省參知政事

三十年縣尹于思達修學廟詳金石

明太祖洪武五年四月萊州饑見太祖本紀

二十年十二月賑登萊饑見本紀

二十二年改膠水縣爲平度州以濰昌邑二縣來屬知州劉厚重

築平度州城

憲宗成化十二年知州林恭修城始置漏澤園

十七年大饑人相食

孝宗弘治十三年知州宋禮修學廟建明倫堂詳金石

武宗正德六年流賊劉六等來寇毁州治

世宗嘉靖二年大饑

三年大饑

七年大饑

八年旱蝗

十一年副使王獻開膠萊新河未竟罷御史方遠宜始議開膠萊河海防道副使王獻燒鑿

馬家濠十五里達於麻灣開鑿將畢會獻去官遂罷其役嗣是戶科給事中李貴和言比歲河決轉餉艱難請循獻遺策開膠萊新河復海運以濟餉道上遣給事中胡檟往視之檟及山東撫按官議皆以不便疏治乃奏言今爲新河之議者徒指元人故渠及副使王獻應議非能涉三百餘里親覩其利害也臣嘗濟分水嶺驗問獻所鑿渠皆流沙善崩雖有白河一道徒涓涓細流不足灌注或欲引濰河之水不知濰河在高密西去新河一百二十餘里中間高嶺甚多雖竭財力終不接濟分水嶺以南至陳家閘以北雖云近海通潮又皆岡石麋沙終難鑿治大抵上源則水泉枯涸無可仰給下流則浮沙易潰不能持久二者皆治河之大患也自獻以後屢勘不行良由於此上乃罷之

十七年麥菽不登斗粟銀二錢

二十三年知州陳逌修學廟

某年桃花洞李氏書院產芝五色

穆宗隆慶五年以尚書劉應節言遣官開膠萊河尋罷應節先上言請開河

五年詔委多官查勘自膠州麻灣等處南至龍家屯北至海倉勘畢具揭云龍家屯四里三十步水淺不過三五寸每日潮至不能打壩斷水難施挑濬之功店口三里有大姑河橫冲帶沙淤塞河雖挑浮過沙淤塞前功盡棄韓家口六里二百四十步俱岡勾沙石一此處難以徹水不便挑濬趙家口起至杜家口止長十餘里水深一二尺河底俱係岡勾石且有大者若欲深鑿極爲費力杜家口至吳家閘三里餘係小姑河口橫冲細沙難壩治吳家閘至譚家西南新口止共七里俱有淤沙岡石其沙皆係白河水帶來漂家西口至分水嶺共九里白河全無接濟旱則先乾澇則冲決窩鋪分水嶺至楚家口十里中多流沙楚家口至集藁灣五里有餘北岸現河口夏秋雨多即一有大水帶沙入河冬春乾涸董家莊至閻家莊四里餘內有崗石一遇秋雨泊水湧入無雨則乾周家莊至蔡家圈泊水冲開溝口數道雨則泛漲無雨則乾並無泉源引導河底俱有沙石謝家口至玉皇廟十一里至於閘內沙石相半挑濬功費比之他處頗大謝家口至楊家圈河岸水勢似有端緒說者謂新河可開或觸目於此耳楊家圈至新河閘西北之南邊一帶雖似稍寬欲西引濰河但勢已近海引之無益況濰河地勢返下難以引入昌邑又居濰縣下流所當詳議新河閘至海倉流沙壅滿難以行舟挑濬工程頗大量待濰河韓信壩口河中到東岸高三丈四尺若濬溝徹水必幾四丈迤東間有高阜處所將不

止於四丈矣濰水難引妥爲的確分水須挑挖二尺之下俱是[illegible]石五尺下即是響沙挑之九尺六寸隨即掛去四尺緣響沙力[illegible]不能承載易於崩塌分水嶺口東南老地周圍開鑿三丈餘上層至岸堅土四尺中層固石五尺以下四尺俱是鬆軟響沙旋壁工役難施又勘得引水接濟難東有大沽河西有濰河二水稍大亦係有源但一則南入麻灣口難以挽而西一則西隔百有餘里難以引而東若欲兩海貫通必深以六七丈始得兩平竟一十餘丈始免崩岸經費非百餘萬程限非六七年不能成也其功豈可[illegible]言耶

神宗萬歷三年命侍郎徐栻相視膠萊河其年九月尚書劉應節言新河自膠南淮子河大港頭出海西抵匡家莊約四十里間有黃土宜挑治自劉家莊北折撞頭河張魯河至亭口閘約三十里黑泥下地宜挑治自亭口閘歷陶家涯陳家口孫唐口至玉皇廟約六十里河寬水淺宜從舊河旁別開一渠自王皇廟至楊家圈二十餘里水勢漸深約五六尺只宜量行疏濬自楊家圈以北悉通海潮無煩工矣以功力計之開創者什五通濟者什三量濬者什二以地勢論之濬深丈餘者什一濬深數尺者什九以水圭測之高下有準以錐探之上下皆無石事理甚明可開無疑上以爲然命侍郎徐栻往同撫按

官會議恒既仰視上言匡家莊地高難挑改從黄埠嶺湖仍不通惟都濟爲水匯船路溝有行舟故道上流爲姑潴諸河下流爲泺魯諸水底泉源可濬而河道可成也必爲多建閘廣留水櫃築堤岸開月河設分廠備剥船計年大挑小挑估費百萬部旨切責謂拭故以難詞沮壞成事

四年命尚書劉應節侍勘膠萊河巡撫李世達疏罷膠萊河工四年

二月命應節親往會勘應節曰新河地北如掌水勢成渠視黄埠嶺較便雨汐口水俱深閘用舟乘潮無阻南海口進北十五里有積沙閘船路溝十三里直接麻灣以避之橫建一閘於新舊河水之交則潮水長流淤沙不入北海口進南三十里爲龍王廟客沙二里四十五步撈沙二尺下即實土若旁開一渠築堤五百餘丈約水障沙自無他患由廟前達新河閘口其中一二挖阻並分挑深亦可無虞至王家邨船路溝一帶地勢趨下自河窩其衝秋水泛漲最爲河害宜岸口建閘一座上流建壩二座尋常水流壩下引以擠河秋漲則水經壩上內以停沙亦爲善策大都北自海口抵亭口南自麻灣抵朱鋪通潮最易所慮者惟朱鋪抵亭口四十餘里耳蓋拭主引泉應節主通潮汐持議不合遂用山東巡撫都御史李世達上言潮汐有常大潮一及陳村閘楊家圈口竹木辛

米舖亭口此潮汐難恃也自孫店口至新河口紆曲二百里張魯白膠三水微細都泊行潦業已乾涸引泉亦難恃也元人開濟此河史臣謂其勞費不貲終無成功足爲前鑒於是御史商爲正給事中光懋王道成等皆疏請止遂召應節械還京悉罷諸添設員役嗣是中書程守訓御史高舉顏思忠尚書楊一魁相繼奏皆不果行

七年知州薛道生修學宮

十四年六月大水平地三尺傷田廬

十九年知州衛士元修學廟

二十一年霪雨四十餘日田禾盡沒

二十二年大饑人相食

二十四年命太監陳增開礦於萊屬州縣

二十六年命太監陳增榷稅於萊屬州縣

二十八年秋大風壞民房舍大木盡折至捲行石日數里外

三十年詔開膠萊河尋罷

三十一年夏嘉禾生

三十七年御史顏思忠請開膠萊河不果

四十年知州華玉禮修學宮

四十二年大水傷稼

四十三年大疫饑至人相食

懷宗崇禎五年二月盜攻州城陷知州陳所聞州同盧宏允吏目房增偉死之孔有德李九成圍萊遣人來攻州城城陷三員俱以死殉

七月盜復攻州城某官牟文綬何惟忠來援敗於賊惟忠死之李志

存文綏何惟忠率師來援與賊戰於門村敢殺從忠陣亡不詳文綏何官盜居窩舖村義民張簡棻々

之詳列傳

十年杜志攀修州城傳以石有記詳金石

十一年巡撫曾櫻請發帑開膠萊河不果

十二年知州杜志攀修學廟橫溝社童子吳德兒得掘金獻以助工詳金石

十三年沙雞滿天旱蝗饑至人相食

十五年州城陷於賊

國朝

世祖章皇帝順治元年詔書至勅有司安民

八年知州劉有道修學宮

聖祖仁皇帝康熙元年棲霞賊于七掠州東境生員于子林退之

邑賊李貓子爲七先鋒擄掠

爲甚惡子林力拄之七乃退

是年于七餘黨復至據朱毛城子林

復率鄉勇助官軍勦之寇平官帥爲即墨營參將劉某軼其名

二年民間牛產一鳥花脛肉翅三足向東南飛去又獲兔八足四

耳兩尾又驢產駒二首一首有角

三年三月雨雪花果多凍死

四年大旱

五年知州李世昌修州志

七年六月地震聲如雷或裂湧黑沙城郭有墜者七月八月復震

九年冬大雪樹木多凍死

十一年五月地屢震又蝗蔽天

十四年夏四月隕霜殺麥復生大穫

十六年知州唐宗堯修學廟

十七年七月大雨膠濰二河交有龍鬬

十八年旱民饑

三十年麥兩岐穀三岐

四十二年雹雨害稼

四十三年大饑

四十五年穀三歧

四十六年知州舒士貴修城

四十九年知州舒士貴修學廟

五十二年始定丁賦以五十年六萬一千六十一丁爲額此後爲

盛世滋生人丁免賦

五十八年夏霪雨害稼壞民房舍

世宗憲皇帝雍正三年遣内閣學士何國宗覜膠萊河罷議永不

疏濬吏部尚書朱軾請開膠萊河云淮河之北岸一里名支家河

安東縣至海州路也自支家河至漣河海口共三百八十里

既出漣河口由海道歷贛榆縣至安東衛即山東界由安東衛過

石臼所靈山所達至膠州麥頭營入麻灣口共二百八十里俱循

海壖而行一入麻灣口其中北有馬家灣為陸路此則須以舂鍤開濬然只五里而近若得開通即從把浪廟經平度州以至萊州所屬之海倉口俱小河共二百七十里自海倉口入大洋便直抵直沽口至天津衛凡泛海只四百里風順半日可達

上命內閣學士何國宗相視可否國宗至與巡撫陳世倌同至海相視同覆奏曰臣等會看得淮水出清口與黃河合經安東縣城南東流入海方遠宜所稱支家河在淮河北岸固自黃河之北岸也查安東縣志書載縣西十五里有支家河今已淤塞無迹可尋土人亦鮮有知者惟有鹽河二道上自中河之鹽河閘分運河之餘流至王營減口分為二支東為中鹽河西為西鹽河至安東縣北則新安鎮合而為一又東北復分為二東流為五丈河逆入海北流則會漣河至括風渡入海現今海北鹽船由此轉運自鹽河閘至括風渡由海口計程三百餘里應即方遠宜所稱自支家河至通河海口之故道也既出漣河口由海州歷贛榆縣境至山東安東衛雖係海道而大洋隔於雲臺鶯遊之東實與河等自安東衛京萊山口始入海程經石臼所夏河所靈山衛至淮子口亦俱沿沿海而行自淮子口經環浮而山之間入麻灣口即為膠萊新河浮山之西有陳薛二島亂石林立甚為險阻薛島之西十里許有平島與馬家濠南北幾五里元人鑿之遇石而罷明嘉靖十六年海防副使王獻鑿開馬家濠石渠一千三百餘步直抵麻灣即方

遠宜所衙哥家灣也一入麻灣由把浪廠經膠州平度昌邑高密境至掖縣海倉口出海計程二百八十二里中分閘距麻灣□二十里為陳村閘北三十里為吳家口閘又三十里為窩鋪閘□家口窩鋪之間地勢最高名分水嶺為南北分流之脊窩鋪閘□北二十五里為亭口閘又三十里為周家閘又三十里為王□□閘又三十里為楊家圈閘又三十里為新河閘又三十里為□□閘又二十七里至海口以上各閘俱創自元人至今沿河仍舊存名而閘座俱皆湮廢查明時議開膠萊新河其說有二一則欲自分水嶺深加開挖使河底與海口相平南北河口各建一閘每日潮方至時則開閘納潮船可乘潮而入潮將退時則閉閘蓄水船可通行而出一則欲自分水嶺開通河渠修復閘座廣引來源設立水櫃按啟閉蓄洩之法以資輓運二說俱似近理今臣等細加測量分水嶺以南北麻灣口高二丈二尺以北北新河閘高一丈八尺八寸又將分水嶺試為開挖雖有岡石樂沙尚可挑濬惟是南海口潮水止至陳村閘北海口潮水止至新河閘則兩潮之隔不相通者中有二百餘里若欲南北通流必須漸次開鑿深至二丈二三尺況朔望大潮深不過四五尺餘日小潮深不過三四尺潮落之後僅深一二尺即於河口建閘而欲引數尺隨長隨落之水通二百餘里之流恐不能濟且麻灣以南水底皆係石塊海倉以北一望壅沙故麻灣口海倉口雖可通潮而商船漁艇絕無停

泊若欲將海口一並開濬而潮汐日至工力難施此通潮之不足恃也再查分水嶺地當水脊所恃爲分水之源者僅平度州之白河水源既微又無泉流可引雨多則水漲噴砂雨少則全河乾涸陳村閘下雖有姑尤河會流而其地已近麻灣嶺流南下亦於運道無濟分水嶺北有膠河自膠州之鐵橛山發源流至高密縣東與五龍河張魯河既水會至亭口閘下入新河北流水源稍盛中有百脈湖地勢卑窪周圍一百餘里若東既蓄水以爲水櫃猶可開引使其南北分行然一河一潮又無泉源輸助欲以濟二百八十餘里之運道勢必不能此蓄洩之不足恃也考膠萊通運之議創自元人乃開之數年而即罷明時屢試而終不行良亦職此若夫由河達海更造船隻以及開挖勞費不貲又其餘事自海倉抵直沽四百里大洋風濤之險更難逆覩至於來往商船必泊於贛榆縣之青口及膠州之淮子口要皆海濱水深之處不肯來潮深入恐致淺擱縱使開通膠河而海口淤淺如故難以通行亦於客商無所裨益惟兩岸民田被水俱藉此河宣洩今撫臣照依歷任平度州州同溫文柱條奏以民力疏濬每人按日給米一升已足通流洩水若轉漕通商勢所不能似可無庸再議於

雍正四年六月入奏奉　旨罷議

四年始均丁賦入地畝平度減於舊丁賦銀八千五百兩有奇　劉　置先農壇耤田始祀

劉猛將軍於八蜡廟

五年知州郭孝移修學宮

六年罷金復二衛隸萊州府學額明季遼東兵荒金州復州二衛士子寄食萊境者舊設學額附萊府學肄業至是學使王世琛以遼學已有二衛不應重設額萊州請裁

八年自六月至七月霪雨不止河水暴漲害稼漂沒人物

十年春正月州城北三官廟瓶菊重花夏城北崔家林産芝是歲秋大稔斗穀三十錢

十二年知州陳端置普濟育嬰二堂及養濟院

高宗純皇帝乾隆元年免賦併免雍正以前賦

十一年五月大雨漂沒麥禾

十二年春旱夏霪雨害稼

十三年飛蝗蔽日麥禾無遺穫遣官賑饑

十五年免賦

十六年海溢淹西界田禾冬十月震雷雨

十七年知州胡承壓修城垣

二十一年知州胡承壓修學宮

二十二年秋七月大雨水無年

二十三年巡撫朱元定以州民韓汝梅六世同居表其門五代史晉紀天福四年旌深州民李自倫門閭一行傳尚書戶部奏深州司戶參軍李自倫六世同居奉勅准格按不妄如式旌表其事與闕朝旌五世司正義別

二十四年閏六月大風河水泛漲壞廬舍淹稼

二十六年始立　萬壽亭於故圓明寺知州王化南以其西偏爲

膠東書院

二十八年春旱禱雨秋有年

二十九年春旱禱雨秋有年

三十年春虸蚄生秋有年

三十五年春免賦

三十六年知州蔣韶年修大成殿

三十七年請旌州民張朝欽百有一歲

四十三年免本年及來年賦始築海隄昌邑民王汝梅請築隄禦潮令民墾斥鹵以起課從

撫國泰從之令萊州屬縣分等院平度州築十里有六分秋旱

四十四年四月大雨雹

四十五年重築海隄

四十七年故儒童孫英奇妻翟氏捐膠東書院學田百畝知州秦燻鈞爲記

四十八年知州張度請罷海隄詳度傳修學宮坊門

四十九年移州同治於灰埠驛

五十年請旌州民杜萬全百歲八月地震

五十三年六月飛蝗蔽日

五十四年以修故明殉節諸臣錄成州人何復官象侗用光益之

謚節愍

五十五年三月霜隕麥復生兩歧秋免賦

五十六年知州郭清芳以治獄失平白殺州民有見姊夫與其母爭毆而斃之者母懼牽子衣而泣仵子肘其母作母死而姊夫甦遂執而訟之清芳以為真殺妻母也而脫仵子知府徐大榕反其獄清芳不服上獄於按察使古定進定進從清芳劾大榕大榕之從子控諸京命三使者來鞫於城隍廟亦以為真殺妻母也而脫仵子仵子退至門聞雷聲返而走口勿擊我我誤肘母亡非敢殺母也大榕大聲呼天疾走出三使者相詫以日乃定獄致殺母之罪清芳吞金死然清芳素非汙吏也州人快其獄之反而猶惜清芳

五十八年二月海溢淹傳家回等社三十八屯知州鄭佩莊請豁修城

五十九年免五十八年傳家回諸社潮淹地丁十之三共七緩征

六十年有蝗災免五十九年以前逋賦銀九千五百兩有奇七月
知州邱飛修城成始置炮臺
仁宗睿皇帝嘉慶元年免賦賜州人耆民爵凡一百九十九人
二年請旌州民荆文德百有二歲秋有甲蟲晝伏夜出食樹葉殆
盡俗名土賊冬城西馬家疃侯仁均家牛產麒麟有鱗甲五色旋斃
四年學正邊康敷訓導楊好生葺學宮
八年州民李光節家麥秀兩岐
十一年知州馬振玉修膠東書院請增學額州民崔合章家麥秀
兩岐
十三年免復州籍先賢仲氏後裔

十四年春禮部議增州學額定爲十五人 禮部原奏云前准原任山東學政錢樾具題山東濰縣臨淸平度請加增學額臣部因濰縣有金州復州二衛遺額准撥四名臨淸州以散州改直隸州後裁撥府准增三名平度州則無登敘是以未准嗣據平度州生員王心達等以併收鰲山浮山大嵩三衛占州學額呈部行查該省山東學政師承瀛咨稱雍正十二年平度州分併鰲山衛八屯浮山衛十七屯十三年分併大嵩衛五屯州學設額十二實以未併三衛前應試人少之故今生齒日繁人文漸盛應州試者至一千四五百人例應酌撥加增以廣教育查萊州府各衛學額靈山衛原額八名雍正十二年裁併膠州減三名金州復州二衛原額各八名雍正六年復州改人奉天額五名金州改爲寧海縣額四名尚遺額十名除撥增濰縣四名餘額六名可否以衛學遺額酌撥附州無額之衛人且金復二衛亦有人籍該州應試者咨呈臣部核辦臣等查各省學額定例原額或經裁汰後果人文日盛可酌復舊不得輕議加增平度州額僅十二名視他州額最少而應試至一千四五百之多文風較盛金州復州屯戶既有隸該州應試取進之人該二衛尚有遺額可選並非例外加增核與十二年奏准濰縣加額事均一例未便獨令向隅應如所請准其予額三名歸於平度圖州取進以昭平允奏上奉 旨依議

十五年夏旱秋大水

十六年秋大水十月緩征舊賦

十七年春緩征冬十月發倉穀九千九百石籽銀九千四百兩以

賑民以自十五年屢被水災民多流離

十八年鳳凰巢於城南小李家疃榆樹

二十四年請旌州民夏佩西百歲

皇上道光元年賜州人耆民爵二百六十九人百歲以上者二人

賜坊金是歲大疫

二年請旌州民官來極百歲周忠齋百歲子孫五世同堂知州周

雲鳳弛豆餅出境之禁禁洩嘉慶末商農兩病至是始弛焉

六年知州方熙修城隍廟始革地丁六釐爲一分詳方熙傳

八年都察院請旌御史陳殖之父續娶及妻賈氏子孫五世同堂

九年春緩征新賦請旌州民官際盛百歲及州民張輝並子孫五世同堂之旌始於按五世同堂純皇帝七旬萬壽有五福五代堂記推恩天下有旌門之例州人予旌者陳官張三氏外李志所載又有于會海王備呂起監旌年不可考附記於此是年十月地震

十年署知州阮烜輝葺膠東書院

十一年知州李天錫修州志不果

十二年知州李天錫裁役車諸生有僱將車糞田者衙胥以官役傾其載於路天錫聞之責役還其車率民錢二千五百餘緡置車公田如干畝以供官役永禁民車之役

十三年知州李天錫裁民馬設義學置書院籌火耗錢千緡去歲李錢餘千緡天錫曰不可以復歸民官無所用之乃付典商收其子錢爲義學經費

十四年大水九月緩征

十五年春大旱萊州府知府何輝綬勸民賑饑前平度州胡天培捐錢四千緡前平度州渾源州知州方熙捐白金千兩並以賑民

秋九月緩征

十六年春緩征收養幼孩三百四十餘名於城北龍王廟以邑人候選千總馬清忠特董其事

十七年饑春旱秋旱冬無雨雪

十八年夏五月緩征新賦十月緩征舊賦

十九年夏四月婺州

二十年大有年

二十一年大有年知州許棲修城請旌節孝婦女一千四百二十一人署學正史護署訓導李潤修文廟祭器

二十四年夏五月霪雨田禾盡傷知州許棲修堂事棲自為記云棲既治平度之明年十一月始撤大堂而更新之堂以外儀門其外大門皆改作焉又明年五月落成先是余來治所未下車望亟門低若側弁入門升堂下積蕪穢仰視上棟日影大如鏡私念此豈足視事耶顧問吏前官皆視事何所僉曰二堂余慨然有經營之志及是請於大府貸奉就功或謂余時絀舉贏昔人所譏此耶仍歲旱蝗冬春之際民積苦乏食附郭尤劇官幸有二堂足視事而何以亟亟為余曰不然古力役取諸民故時絀則不舉事今也計工授食吾之奉雖非贏而以補民之絀不已多乎嘗讀左史傳叔孫昭子所館雖一日必葺其牆屋心竊識之以為君子之不苟如此堂之於節大矣於此而苟何所不苟且民老稚咸得至大堂吾視事決民

知之不決民知之吾除以察其議論亦所謂仕而學也而又何疑
不承承爲堂自前明崇禎五年燬於兵十年通判朱逸宏攝州事
重建迄今二百年中間廢興無可考稱日宋高宗紹興二
要之因仍之日久矣記之以詔來者更戒亭年頒底石銘於州縣
訓以黃庭堅所書戒石銘頒於州縣令刻石文曰爾俸爾祿民膏
民脂下民易虐上天難欺容齋隨筆曰書蜀孟昶官箴語也後代
因之　國朝爲戒亭雍正間修至是圮傾易以　移建節孝祠前
石坊書其陽曰用顧畏于民嵒陰曰堅白自矢
旌表總坊冬十月緩征舊賦
二十五年春知州保忠重修劉猛將軍廟州民蘭德玉妻一產三
男夏五月大旱蝗秋重修州志
二十六年夏五月有雹六月地震請旌州民張元明年一百歲五
世同堂
二十七年秋七月太白經天大有年

二十八年冬十月署知州鄒崇孟重修州志

二十九年春三月重修州志成

【民國】平度縣續志

丁世平、刁承襄修　尚慶翰纂

民國二十五年（1936）鉛印本

紀要

道光二十九年己酉

三十年庚戌四月日赤　七月日月赤色如血十餘日

咸豐元年辛亥

二年壬子　王家莊等四社二十二屯秋禾被水未完地丁正耗銀緩征遞至十一年　十一月登州營兵過境赴河南安徽　十一月夜地震大寒井水冰

三年癸丑　正月天氣昏噎雨灰有火藥氣　二月彗星見大谿口山東峯崩　三月白虹貫日連日地震　五月地震太白晝見

四年甲寅　秋大雨膠萊河溢成災東郭等十七社鰲山大

嵩二衛綏征遞至十一年

五年乙卯　張家莊等十五社蘭底等二十社鰲山大嵩二

衛綏征遞至十一年

六年丙辰

七年丁巳　秋飛蝗蔽天

八年戊午

九年己未

十年庚申　彗星長竟天數十日始滅　地震　冬沙雞至

十一年辛酉　秋捻匪入境知州福紹督修土圩詳兵圍之禍

同治元年壬戌

二年癸亥　登萊寧福等營調赴淄川防勦沿途供應平度

用銀五千七百七十五兩有零　十月上諭查明殉難婦女奏請奬恤

三年甲子

四年乙丑　秋大雨膠萊河溢禾稼及廬舍多損毀　平度汛調赴安邱勦匪

五年丙寅

六年丁卯　知州海澄修城創建考院　捻匪再入境東撫丁寶楨及提督劉銘傳各帶兵防堵先後至境匪復由海道西竄（詳兵匪之禍）

七年戊辰

八年己巳

九年庚午

十年辛未

十一年壬申

十二年癸酉

十三年甲戌

光緒元年乙亥　夏熱甚人有暍死者　秋大風損稼

二年丙子　大旱歲饑　奉省令沿海栽樹邑民凡納地丁

銀一兩出樹一株

三年丁丑

四年戊寅　西北鄉大雨雹

五年己卯

六年庚辰

七年辛巳　秋大雨水

八年壬午

九年癸未

十年甲申　彗星屢見前後非一冬日赤如血

十一年乙酉

十二年丙戌

十三年丁亥　秋七月大雨膠河水溢

十四年戊子　秋七月大雨河水皆溢附近村莊禾稼廬舍俱受損傷城東關外一帶被災尤鉅　地震　大疫

十五年己丑　知州許頌鼎因勸逼城鄉富戶出穀減價平

耀縱容州同許彬城紳許守謙索詐收賄撤任許彬調省
訊究得實坐遣戍
十六年庚寅　夏秋間大疫城內外或日死五六十人懸壺
者窮晝夜不得寢食貨棺者爲空八月乃平復　秋蚜蝻
傷稼
十七年辛卯
十八年壬辰
十九年癸巳　知州陳爾延修城　奉省令修平度志要延
舉人王崧翰主其事　海潮爲災情形較重之大苗家小
苗家等之二十一村上忙丁糧銀緩征至二十四年連年
歉收仍緩征

二十年甲午　中日戰起登萊避亂者或至境廣西兵奉調過平度知州茅恩綬以辦兵差縱役擾民革職

二十一年乙未

二十二年丙申

二十三年丁酉　德人據青島總兵夏辛酉率東字十三營駐平度及次年移鎮青州

二十四年戊戌　蟲災　知州潘民表爭辨膠澳勘界因乞病去職

二十五年己亥　六月大雨雹　秋蚜蝻傷稼

二十六年庚子　太白晝見　美國人醫院被掠　大刀會起於鳳凰山駐濰馬隊營官孟憲曾帶兵往剿平之又知

州吳丙南隨右衞營務處祝廷琛誅西北龍王廟習拳童子五十七人殺竊割電桿者一人丙南旋撤職繼任薩承鈺剿平金頂山拳匪（詳兵匪之禍） 秋蚜蚄傷稼

二十七年辛丑 知州薩承鈺諭令城鄉被控民戶認賠教堂醫院損失（詳宗教志）

二十八年壬寅 宿召社孟兆吉等呈准援舊例聖賢後裔免雜差雜稅

二十九年癸卯 知州吳丙南因浮收稅契與知府裘祖誥互訐俱革職 西南鄉玉皇廟後樓失火焚死進香婦女百七十餘人 二月初十日十五日十八日夜三次地震

三十年甲辰 自去歲立西關高等小學至是年規模粗具

三十一年乙巳　知州曹倜奉部令修鄉土志延廣西右江

道戴恩溥爲總纂舉人王崧翰于蓮分任纂修

三十二年丙午　詔停科舉令各州縣設立學堂

三十三年丁未　熒惑入南斗

三十四年戊申　八月雨雹

宣統元年己酉　詔預備立憲各省立諮議局票選舉人尙慶翰

爲議員

二年庚戌　三月隕霜殺麥　除夜大雨河水皆溢

三年辛亥　春疫　秋大雨西南鄉韓家小河子莊等二十

一村被災緩征　武昌革命軍起

中華民國元年壬子　聞掖縣兵變劫掠城門晝閉　秋大雨河

水皆溢歲饑緩征

二年癸丑　改平度州爲平度縣

三年甲寅　奉通令下忙丁糧銀每兩改征銀幣二圓二角

秋大雨膠沽俱溢西南鄉朱家莊丁家莊等二十餘村緩征　八月蝗　日軍過境詳兵匪之編

四年乙卯　秋大雨河水溢秋禾被蝗上年緩征之村莊仍緩征

五年丙辰　土匪自南來襲城混成旅連長王青林陸軍營副柳某連長隨晉九等禦之敗去詳兵匪之編　秋禾被蝗被油四年緩征之村莊仍緩征

六年丁巳　秋禾被水村莊均緩征

七年戊午　春旱　秋疫

八年己未　秋禾被蟲被蝗五年應緩征諸村仍緩征

九年庚申

十年辛酉　春旱

十一年壬戌　春旱

十二年癸亥　比歲四鄉數有綁票之案

十三年甲子　煙濰汽車路經過大官莊屯等二十九村佔
壓民田中畝三頃六十一畝七分五毫緩征

十四年乙丑　西鄉雨雹

十五年丙寅

十六年丁卯　綁匪熾縣知事潘頌成褫職李煜接任請省

令飭萊膠道尹杜樹芬檄調掖昌濰高膠即平七縣警隊剿窪子村匪胡海瑞樹芬至城李煜督隊往海瑞父子皆逸去（詳剿匪）

十七年戊辰　張宗昌自省城出走十三軍劉志陸等至平度與駐掖軍方永昌戰敗南竄　六月土匪丁守己等據城四鄉紅白槍會攻城守己擊敗之八月掖軍方永昌遣劉開泰來守己等就誅　土匪王子成劫掠西鄉　秋飛蝗食麥城東尤重　冬張宗昌由海道至龍口聯絡劉珍年部屬圖興復其黨李震等據平度紛擾益甚（詳兵匪之禍）

十八年己巳　春旱　李震等皆東去孫魁元軍至平度秋孫旅開拔范熙績師一二連入城駐防旋奉調去　東鄉蝗

十九年庚午　土匪襲城敗去（燹詳恤會）　六月劉珍年集兵來

二十年辛未

二十一年壬申　秋省令曹福林率師東下劉珍年集兵掖縣拒守調張鑾基旅北去　西鄉疫

二十二年癸酉　縣立中學成立

二十三年甲戌　民團指揮張驤伍涖東剿匪（詳剿匪）　省令纂修縣志　續修縣志委員會成立

二十四年乙亥　張驤伍捐資修復宋狀元蔡齊墓爲購置墓田一畝五分三釐四毫歸之蔡氏後裔世修祭掃重立墓碑倘慶翰爲文鐫其陰置守塋者永禁樵牧並捐貲爲修縣志之費共國幣二千二百十五圓六角四分又捐國

幣六百圓爲西關小學購置體育場計中畝九分四釐九毫在新後街小閣裏路北　夏黃河溢省令災民就食膠東遣送濟寧男婦四千餘人來縣分置各區賫其衣食次年春始遣歸

二十五年丙子　春二月大寒井有冰　十一月縣續志成

【乾隆】萊州府志

（清）嚴有禧纂修

清乾隆五年（1740）刻本

祥異

班氏天文五行二志實補司馬氏之闕夫其綜百王以統九州而該象緯誌災祥參驗人事豈矜博雅云爾哉抑欲示修省於後世而譬人有害沉之際捷若影響未始一言而默契退君鑒此甲頭而遂屬滅火過災而謂信不誣矣

漢

高帝三年十一月癸卯晦日食在危三度漢書五行志謂在虛

封齊王韓信

惠帝二年九月膠東下密人年七十餘生角角有毛

七年十一月庚寅晦日食在虛九度

帝本始元年五月鳳凰集膠東
四年四月地震北海　五月鳳凰集北海淳于
元帝初元二年北海水溢流殺人民
成帝永始元年春北海出大魚長六丈高一丈凡四枚　九月
黑龍見東萊
哀帝建平三年東萊出大魚長八丈高一丈一尺凡七枚
章帝建初二年北海得一角獸大如麕
安帝元初二年十一月己亥孛星見在虛危南至胃
質帝本初元年五月海水溢北海都昌漂殺人物
靈帝熹平二年東萊海出大魚二枚長八九丈高二丈餘　是

年六月東萊北海海水溢出漂沒人物

光和五年冬十月木火金合於虛相去各五寸如連珠

六年冬大寒北海東萊井中冰厚尺餘

中平四年十二月晦東萊雨水大雷雹

晉

惠帝永寧元年十月北海青蟲食麥苗

二年十一月熒惑太白鬬於虛危

成帝咸康五年四月辛未月犯歲星在胃

穆帝永和八年十二月太白犯熒惑於胃

孝武帝太元十一年六月甲午歲星晝見在胃

十三年十一月辰星入月在危

二十一年三月太白晝見於胃

安帝義熙二年十二月丙午月掩太白在危

南宋

武帝永初二年二月赤烏六見北海都昌

文帝元嘉二十二年白兔見東萊當利

二十七年十月己丑嘉禾生北海

孝武帝孝建二年九月木連理生都昌

大明元年六月庚子白兔見即墨獲以獻　秋七月丁丑白兔見曲成獲以獻

三年九月乙亥嘉禾生北海都昌
六年八月辛未白兎見北海
明帝泰始三年五月己卯白麐見北海都昌
東魏
孝靜帝武定八年三月甲午歲鎮太白在虛熒惑又從而入之
四星聚焉
周
武帝建德三年十一月丙子歲星與太白相犯光芒相及在危
十二月月犯歲星在危相去二寸
隋

文帝開皇十四年十一月癸未有彗星孛於虛危

唐

太宗貞觀六年正月乙卯朔日食在虛九度

二十一年八月萊州螟

文宗開成二年二月有彗出虛危長七尺餘西指南斗戊申在危西南芒耀甚盛

昭宗乾寧三年有客星三一大二小在虛危間乍合乍離相隨經三日而沒

僖宗文德元年三月戊戌朔日食在胃一度

五代唐

莊宗同光二年九月即墨李夢徵室內柱上生芝草二本

明宗長興三年即墨王友家生芝草一本三枝分兩岐上漸相

向成片而圓高尺餘

末帝清泰三年九月己丑彗出虛危長尺餘

宋

太祖建隆元年正月甲子太白犯熒惑于婁

太宗太平興國五年七月濰州蝦蝣蟲食稼殆盡

端拱二年萊旱甚民多饑死詔發倉粟貸之人五斗

眞宗咸平四年濰州獻芝草一本如佛狀

景德二年十一月壬子有星出胃南聲如雷光燭地

三年五月丁酉有星出胃北入天囷逆爲數星光燭地

仁宗皇祐元年二月丁卯彗出虛晨見東方西南指歷紫微至

婁凡一百一十四日而沒

哲宗元祐七年五月濰州北海縣蠶自織如絹成領帶

高宗紹興十六年十二月戊戌彗出西南危宿

寧宗嘉定十年二月庚申地震自東南越月廣犯萊州

度宗咸淳五年正月甲戌萊大水

六年三月萊旱蝗

元

世祖至元二十五年七月膠州大水民採橡爲食

二十九年五月濰州北海縣有蟲食桑葉盡無蠶

三十一年四月即墨縣雨雹

成宗大德五年十月辛卯夜有流星大如杯色赤尾長丈餘燭地自北起近東徐徐而行分爲二星前大後小相離尺餘沒於危

英宗至治元年膠州饑

泰定帝泰定四年十二月膠西等縣蝗

文宗至順元年膠州饑

順帝至元五年膠州濰州饑

至正三年十二月膠州及屬邑高密地震

四年夏膠州高密旱

六年二月濰州北海縣膠州即墨縣地震

七年二月昌邑高密地震

八年六月膠州高密大水

九年春膠州大饑人相食

十九年濰州膠州蝗食禾稼草木俱盡所至蔽日礙人馬不能行塡坑塹皆盈饑民捕蝗以爲食或曝乾而積之又罄則人相食

二十二年二月己酉彗星見於危宿光芒長丈餘色青白

夏四月丙子朔長星見其形如練長數十丈在虛危之西

四十餘日乃滅　六月膠水縣蚄生　七月萊[illegible]

害稼

明

太祖洪武元年高密縣東十里遍産靈芝

二十四年即墨蝗大饑

成祖永樂十六年高密産紫芝三十五本

英宗天順八年即墨大饑

憲宗成化六年掖膠大饑

八年掖濰即墨大饑昌邑尤甚人相食

十七年平度大饑人相食

十八年高密大饑

孝宗宏治五年昌邑大旱

武宗正德三年昌邑大饑

七年濰黑眚見

世宗嘉靖三年平度大饑

七年平度大旱蝗

八年平度又旱蝗

十一年即墨飛蝗蔽日大傷禾稼

十二年濰蝗食禾稼殆盡

十六年七月昌邑淫雨濰水溢突入城中壞民廬舍

十七年平度麥穀不登斗粟銀二錢昌邑大饑民食草二

舜相望高密大饑

十八年掖即墨大饑

二十七年昌邑辛營李家園產紫芝二本

三十九年即墨大水河泛至城

四十二年昌邑飛蝗蔽天食田禾殆盡

穆宗隆慶二年昌邑地微震二次　麥兩岐有年

三年掖平膠昌濰大水昌邑尤甚民大饑

神宗萬歷七年即墨麥兩岐

十一年七月掖大霾霧殺禾稼木盡脫　九月復華　冬十

二月昌邑雷

十二年春掖地震大饑其秋大稔　是歲即墨饑　昌邑地

大震　濰河決

十三年六月朔掖雨雹大如拳

十四年六月二十八日平度大水平地三尺傷田廬

十六年六月昌邑地震

十九年春三月掖大雨雪木盡脫

二十一年春膠州旱秋大雨淹沒民田殆盡　是歲高密

墨大水　平度濰霪雨四十餘日田禾盡沒

二十二年萊郡七屬皆大饑人相食昌邑尤甚

二十五年掖縣濰大水地震

二十六年四月十五日濰雨雹大如雞卵平地尺餘人畜遇之多死傷　秋膠大雨雹　平度昌邑大風壞民房舍大木盡折至拔擲有至數里外

二十九年十二月平度州木冰結梅花數本長四五尺許如琢琢狀

三十年夏濰[illegible]

三十一年夏[illegible]

四十二年大水傷

四十三年大饑人相食尋又大疫死者積尸如山

四十六年八月彗星見東南光芒甚長

熹宗天啟五年滕州大蝗　七月大水

懷宗崇正九年十一月二十八日夜戌刻雞聲亂於塒夜半壞

雷大作

十三年蝗蝻遍天旱蝗大饑人相食　十月初五日夜雷電

交作

十四年正月二十二日日射四環五色中出黑氣一道

十六年三月昌邑柳疃雨血

十七年正月朔大風霾晝晦　六月十一日迎夜空中響聲

如萬馬奔騰

順治五年春高密霪雨害稼　冬十二月十六日夜空中聲如
雷火光燭天
八年八月膠州有大星自西南至東北聲震如雷火光迸裂
十二月二十八日膠州雷
九年五月初三日膠州雨雹大如雞卵平地深尺餘
十一年正月二十三日膠州大風色赤
十二年高密並蒂蓮生
十三年正月三山島出大魚長數十丈叫三日死
十五年五月初二日長庚入月

十六年膠州雨雹傷稼民饑

十七年四月初一日膠州雨黃雨沾衣盡黃　高密民間彘產一象尋斃

康熙二年平度州牛產一鳥花[illegible]兩翅三足向東南飛　兔六足四耳兩尾　驢生駒二首一驢首一牛首

三年三月十九日雨雪奇寒花木多凍死

四年大旱

六年五月太白經天　六月太白晝見　彗起翼軫逆行歷宿西歷十二宿次

七年四月海嘯在濰縣界逆溯四五十里泛漲二晝夜

月十七日戌時地震盪如漂舟聲如萬殷雷城郭屋宇[illegible][illegible]塌月色為昏又地裂湧黑沙帷擁[illegible]戌稍歇六月十八日七月十七日八月十八日俱震

八年三月紫[illegible][illegible]出太[illegible]長十餘丈

九年冬大雪奇寒樹木凍死殆盡

十一年五月地震　六月熒惑並光芒甚赤至九月還舍

大蝗蔽天

十四年夏四月十七日隕霜殺麥復生大穫

十六年郡城濠蓮花自生多並蒂　夏有大星流入東北光亦如日

十七年七月大雨　膠濰二河交有龍鬬

十八年旱民饑

十九年十月彗起西方光芒甚長白氣如練漸東漸短一月始滅

二十八年東浆鹽鹵日暴成斗形

三十年麥兩岐穀三岐

三十一年六月初一日夜有星自南而北光如日聲如雷

三十二年三月濰縣海嘯遠涉四五十里

三十三年正月十四日夜半大雷雨掖縣樹氷如介

四十二年霪雨害稼

四十三年大饑大疫人相食

四十五年穀三岐

四十六年濰縣麥自生大獲

四十七年夏濰縣牛產麟

五十八年夏霪雨害稼壞民廬舍無算是歲大饑

五十九年春膠州大饑斗粟千錢

雍正元年正月高密大風災感化寺鐵柱寶瓶折去無跡洋河水

色赤

三年膠州饑

四年春高密麥秀兩岐

八年自六月至七月霪雨不止河水暴漲田禾渰沒漬[illegible]

多溺死

十年春正月平度州枯菊生花夏城北崔家林産芝

秋大稔平度斗穀一二十錢

十二年八月即墨大水民舍冲沒殆盡

乾隆二年夏郡城濠內産並蒂蓮

三年蚜蚄生害稼

【民國】四續掖縣志

劉國斌修　劉錦堂纂

民國二十四年（1935）鉛印本

祥異

宣統二年六月地震　除夕大雨竟夜次年元旦上午始霽

宣統三年春地震數次大疫六月日赤如血如在塵霧中十餘日十二日海廟鼓樓火

民國九年六月三十日大風雨鉅潮泛漲沿岸禾稼俱被淹沒潮落地變斥鹵

民國十三年夏城西濠生並蒂蓮　本年高陽鎮王姓家生並蒂蓮

民國十六年夏有魚浮於海岸長丈餘已死無目

民國十七年四月太白晝見至五月始不見蝗食麥葉秋蝗食稼歲饑

民國十八年飛蝗爲災食穀殆盡自春迄秋亢旱歲荐饑

民國十九年夏五月因連年飛蝗遺卵沿海葦田蝻生跳蝻躍食麥葉大有蔓滋之勢縣長黃遵省令組捕蝻合又派警督同民衆掘溝截捕並掩埋幸不爲災冬地震

民國二十一年春太白晝見

民國二十三年夏四月三十日日色赤映地皆紅五月二日始漸復初　八月十九日雨後山崩裂山之四周數里外尝白天

空數里內忽然黑雲密護大雨盆傾雷霆轟擊山之巔經所謂龍抓石處陡然崩裂條成雙溝闊約二丈餘自巔至麓巨石墮落壞滿溝渠滾流之石積壓民田若干畝從前山腰之巉巖處自被擴擊均成坦平而雨亦旋止

【同治】即墨縣志

（清）林溥修　（清）周翕鐄纂

清同治十二年（1873）刻本

災祥

周

平王四十九年八月杞人伐夷夷在城陽壯武縣

赧王三十六年燕侵齊卽墨大夫死之　田單保守卽墨大破燕

軍

漢

高祖四年齊王田橫敗保卽墨島中尋奉詔詣洛陽未至自殺二客從之其島居五百人皆不屈死

新莽始建國元年徐鄉侯劉快起兵以數千人攻卽墨敗死之

東漢

建武三年拜張步爲東萊太守步不其人漢兵起步亦聚衆數千劉永拜步輔漢大將軍督青徐二州遣將徇泰山東萊膠東北海濟南諸郡皆下之建武三年永敗步獻鰒魚請降帝以步爲東萊太守後劉永立步爲齊王步受永命屯歷下詔大將軍耿弇攻破之步乃斬蘇茂降封步安邱侯八年步復謀叛爲瑯邪太守陳俊所斬

晉

太康六年三月戊辰齊郡臨淄長廣不其等縣隕霜殺桑麥

宋

義陽王景平元年檀道濟軍臨朐魏叔孫建等燒營而遁道濟以

糧盡不能追竺夔以東陽城壞不可守移鎮不其城

明帝泰始三年沈文秀攻青州刺史明僧暠帝遣輔國將軍劉懷珍救之進至黔陬文秀所署長廣太守劉桃根將數千人戍不其懷珍軍於洋水遣王廣之將百騎襲不其拔之

泰始四年魏慕容白曜圍青州刺史沈文秀守東陽帝所遣救兵不敢進乃以文秀弟文靜爲東青州刺史由海道往救文靜至東萊不其城爲敵所遏因保城自守未幾不其城陷文靜見殺

北魏

孝文帝太和十二年正月兗州王伯恭聚衆趣勞山稱齊王東萊鎮將孔伯孫討斬之

孝武帝大明元年六月庚子白兎見即墨獲以獻

隋

文帝開皇十四年冬彗星孛於虛危及奎婁

十六年福臨寺產靈芝之數莖舉敕建僧舍五百間

後唐

莊宗同光二年九月萊州奏即墨李夢室內柱上生芝之草二本畫圖以進

明宗長興三年萊州奏即墨王友家生芝之草一本三莖分兩岐上漸相向成片而圓高尺餘

宋

寧宗嘉定六年楊安兒掠莒密金行省官討亂殺安兒於即墨

金

宣帝興定三年李全寇即墨完顏僧壽敗之

宗　年即墨移風縣得日本民七十二人因糴遇風飄至中

國詔給以糧俾遷本國

元

世祖三十一年四月雨雹

成宗元年四月雨雹

順帝至元五年七月蝗

六年二月地震

二十七年彗星出胃毛貫掠即墨

明

洪武六年夏六月倭夷入寇即墨諸城萊陽沿海居民多被害詔近海諸衛分兵討之

二十四年蝗大饑

建文三年饑縣丞籍周岐鳳請奏蠲戶口鹽鈔得免復出令勸借

雜糧

永樂十八年妖婦唐賽兒作亂寇即墨城陷邑人皆潰賽兒蒲臺民林三妻也夫死祭墓山麓得妖書寶劍遂削髮爲尼自稱佛母能剪紙爲人馬奸人董彥杲等率衆從之朝廷遣柳升進剿賽兒遁去後捕得下獄三木被體俄皆自解而逸

天順八年大饑

成化八年大饑

正德元年七月壬戌火光墜民家化爲綠石圓高尺餘八月丁已鰲山衛地震聲如雷城垜壞以後屢震十二月癸亥三標山石崩

六年春流賊劉六劉七等猝起北海所至皆破獨墨城七攻不克賊憤甚乃夜襲陷卽墨營將領李勳死之復圍城知縣高允中督衆拒守射死賊僞大王朱輔遂遁去

嘉靖三年春正月地震

八年大稔

十一年飛蝗蔽日大傷禾稼

十七年大水

十八年大荒粟價六倍於常

十九年春三月丙辰有星如彗長丈餘歷胃室壁閏月丙辰朔入婁

二十年大稔

二十九年大水河泛至城

萬歷元年戸科賈近三試行海運至山東即墨福島異常風雨壞糧船七隻哨船三隻漂沒糧米五千石淹死丁五名遂罷海運

七年麥兩歧

十二年饑

二十一年大水

二十二年大饑人相食

四十三年大饑人相食尋又大疫尸積如山

崇正五年春孔有德圍萊州八月知府朱萬年死之即墨督

十三年沙鷄遍野大饑人相食

十七年甲申春李自成破京師僞官至即墨爲紳士所誅　是年土寇蜂起邑人郭爾標作亂聚衆數萬樹栅二十餘處圍縣城環攻官紳守禦數月圍不解最後楊公遇吉以二十八騎偷渡賊壘乞援萊郡會

大清定鼎遣兵至墨誅渠魁賊始平

國朝

順治四年秋暴雨連綿水與城齊民舍傾頽漂流浮屍積道口路

決爲河

七年饑

十年膠州總兵海時行作亂墨城戒嚴城門晝閉

十二年饑

十八年棲霞土寇于七作亂賊先鋒李胄子掠至沽河參將劉國

玉聯卻之

康熙七年六月地震盪如漂舟聲如殷雷城郭屋宇崩頽無算

九年冬大雪奇寒樹木多凍死

十一年五月地震大蝗蔽天

十四年四月隕霜殺麥復生大穫

十八年旱饑

十九年十月彗星見西方光如白練一月始滅

二十三年麥兩岐穀三岐

三十五年大水陰雨六十日

三十六年春大饑放賑

四十二年秋大水道口堤決按道口故滑膠路也順治四年河水西泛築堤捍之至是堤決河直西行不復遶城北流矣

四十三年春大饑疫餓莩相望草根木皮立盡人相食蠲免本年錢糧

五十二年蠲錢糧歷年舊欠亦並免徵

五十八年自六月至七月大雨連綿禾黍豆苗多浥爛

五十九年春饑知縣段昌總捐資賑之

雍正十二年秋大水民舍多沖沒

乾隆七年正月彗星見東北

八年三月彗星見西北

十一年夏大水禾豆傷牛疫死

十二年自春至五月不雨秋復澇民大饑官設粥廠賑之

十三年五月旱蝗饑疫彌甚民多逃亡

十四年邑西偏大雨雹

十九年二月大風雷雨秋復傷牛十二月大雷雨

二十年七月風雨害稼

二十二年冬雷

二十四年六月二十九日大風雨一日夜木盡拔禾更損雄崖所飄來高麗漁船一隻船上六七人

二十八年大稔麥兩歧高粱一本七八穗

二十九年五月西南鄉蝗蝻不驅盡入海死　鄉民高岱妻王氏一產三男

三十一年夏六月大雨三日西南城垣頹
三十三年春三月日夕有火毬經天西府調兵
三十六年夏旱蝗
三十九年西警即墨戒嚴
五十年蝗旱饑莩遍野
五十一年春大饑秋大疫散賑
五十五年夏六月大雨城垣頹七月大水淮涉河漲與城齊
五十六年沽河水溢欒村居民廬舍損其半
嘉慶七年蝗
十一年河溢

十六年夏大旱饑秋大水

十七年春大疫夏霪雨害稼大饑餓莩載道

十八年縣民郭貞均壽百歲五世同堂

二十五年六月朔日食旣見星十一月大風雪

道光元年夏四月大星晝見東南　秋蟲災旱　七月始種豆

復大水大疫　邑民江文坦年百有二歲

二年饑豆無收

五年監生李世琛年百歲

七年秋大水

八年秋七月二十六日大風雨車輪有飛空者

九年冬十月二十三日地震

十二年饑　教諭周知佺妻年百有二歲

十四年春雪澤潦麥五月十二日大風自西南來映地俱赤熱如

火

十五年夏霪雨沽河溢秋潰堤傷稼大饑

十六年春旱夏多雨秋稼不登大疫

十七年春旱大飢道殣相望民多流亡

二十年麥秀兩歧

二十一年春大風雪飛沙人多凍死

二十二年九月地震自東南來

二十三年邑民華琇年百歲

二十五年春西北有白氣長竟天十二月夜雷電雪如掌

二十六年春正月雨物如木屑能燃

二十七年夏六月大風雨拔木

二十八年十月望風雨晦冥奇寒

二十九年春正月彗星見

三十年春雨紅沙積地尺許

咸豐元年秋蟲食豆苗饑

七年大蝗害稼嚙人收穫多以夜饑

八年春蝗蘖生未成災秋飛蝗至饑

九年春旱秋螟害稼

十年秋九月彗星見西北長竟天冬沙鷄遍野

十一年春縣北地有火焰經兩月五月彗星見於斗七月流星南飛密如縷八月賊捻入境焚掠逼城關廂邑令李淦參將鳳崗督紳民併力拒守五十餘日賊始去人多死亡冬大疫是年蠲租之半

同治元年秋大疫

四年夏地生毛秋大水沽河隄潰

五年冬沙鷄出

六年夏五月賊捻擾縣境死傷過半先是賊由東平之戴家廟竄

渡河旬日突至卽倉卒無備焚掠村疃殆遍慶揆城邑令楊鴻烈參將興瑞督諸紳民併力拒守得無恙賊盤踞勞山及靈山左右沽河南北岸月餘始遁去死亡枕藉元氣大傷是年蠲租之半

七年春饑

十一年春邑民藺作松妻王氏一產三男

縣志 卷十一

（清）方汝翼、賈瑚修　（清）周悅讓、慕榮榦纂

【光緒】增修登州府志

清光緒七年（1881）刻本

水旱豐饑

晉

太康六年三月長廣不其等四縣隕霜傷桑麥

北魏

景明四年七月東萊東牟蚜蚄害稼

唐

興元二年秋螟蝗自山而東際於海晦天蔽野草木葉皆盡

貞元二年夏旱蝗東自海西盡河隴羣飛蔽天旬日不息草木葉及畜毛靡有孑遺民蒸蝗食之

會昌元年秋登州雨雹文登尤甚破瓦害稼

宋

端拱二年登萊旱大饑

淳化元年文登牟平饑

景祐元年春登萊旱饑

金

治平元年登州旱

天會六年登州大水　十一年大旱饑
大定二年寧海州蝗害稼民死者衆　十六年登州旱蝗

元

至元十年寧海州饑　二十四年登州淫雨傷稼
三十年九月登州蝗
元貞元年冬十月文登大水　二年冬寧海文登大水
大德元年牟平文登饑八月又大旱　五年五月

寧海州大水秋風雨害稼　六年萊陽寧海饑

至大元年寧海大饑　二年三年登州寧海州俱

饑

至治元年十二月寧海州蝗　二年登州饑

泰定二年寧海饑

天歷元年登州寧海州有年　二年文登大饑

至順元年牟平文登饑

至正二十三年六月文登蝗蝻生七月招遠萊陽

及登州寧海州蝗蝻生　二十七年招遠大稔

明

建文元年至三年登州各屬蝗

正統元年夏各屬蝗　六年秋各屬蝗

景泰三年大嵩等二十衛所久雨壞城

天順四年夏各屬旱

成化十二年各屬大有年　十三年蓬萊先旱後澇傷禾　十四年六月蓬萊大雨河水驟溢

宏治五年各屬大旱　十四年五月各屬雨雹殺禾　十七年寧海大水

正德元年七月文登大雨海溢禾稼淹沒地爲斥

鹵 二年各屬饑 四年各屬大饑人相食

八年四月文登萊陽隕霜殺稼夏各屬飛蝗蔽

日 十一年秋蓬萊大水寧海蝗文登旱澇爲

災

嘉靖四年六月蓬萊大雨壞城 七年各屬大饑

死者載道 八年八月棲霞雨雹 十二年至

十四年各屬蝗禾稼食盡 十八年秋文登大

水 二十年黃縣二月不雨至六月始雨仍有

年二十一年春黃縣大風霾沙壓田禾旱蝗不爲災　二十五年寧海文登大水九月文登雨雹　二十六年寧海春饑夏旱秋大水　二十七年蓬萊大雪平地三尺餘人畜多凍死二十九年四月蓬萊大雨雹　三十一年四月二十六日蓬萊近郭雨霰數寸次日大風發屋拔木　三十六年各屬無麥　三十七年蓬萊大饑　三十九年夏各屬大旱蓬萊爲甚秋霪雨水溢　四十年蓬萊大饑

隆慶元年六月朔蓬萊大風雹積冰三日不化淫雨月餘秋大風發屋壞禾　二年春蓬萊大饑夏不雨　三年春洊饑　四年秋文登大水禾稼盡淹漂民廬舍

萬歷四年三月文登風雨狂暴禾苗盡傷　七年六月晦蓬萊招遠等縣大雨平地水溢山摧石崩淤田畝漂民居沒人畜無算　十年秋黄縣大雨井泉泛溢文登雨雹湯泉溢豆盡傷　十一年秋蓬萊黄縣雨鹹水殺禾稼饑　十二年

蓬萊大饑　十三年福山文登大饑　十七年秋蓬萊文登等縣大雨　二十年夏黃縣大水　二十二年五月各屬大雨雹傷禾民大饑　二十四年七月招遠大風捲海南溢淹禾豆　二十八年福山麥穗雙歧　三十一年黃縣饑　三十二年蓬萊黃縣夏旱秋大水　三十八年夏各屬大旱　三十九年三月寧海大雨雹四月蓬萊大雨雹　四十一年夏各屬大旱七月初七日蓬萊福山文登等縣異風暴作大雨

如注經三晝夜廬舍傾圮老樹皆拔禾稼一空蓬萊海嘯入城沿海居民溺死無算 四十二年春黃縣福山饑黃縣大風拔樹夏蓬萊大旱無麥六月黃縣颶風海水溢淹禾稼屋舍秋蓬萊黃縣淫雨山水衝淹田禾 四十三年各屬大旱饑自三月不雨千里如焚至七月初九日始雨又至九月不雨蝗蝻徧野人噉木皮城幾罷市 四十四年春各屬洊饑至人相食餓殍載路盜聚夜劫市賣子女 四十七年夏各屬

旱八月蝗　四十八年蓬萊棲霞六月不雨七
月初八日蓬萊海溢文登大風拔木折屋壓死
人畜甚衆八月寧海大雨雹
天啓元年寧海蝗　二年文登蝗夏棲霞雨雹
三年四年秋福山俱大水自三年至五年各屬
俱大有年　六年文登五月大雨雹二麥盡傷
閏六月大雨淹禾七月大風拔木　七年秋福
山大水
崇禎元年秋福山大水　四年棲霞大風傷禾秋

福山寧海大水　五年正月朔棲霞大風霾

九年棲霞大水蝗　十一年各屬春不雨夏蝗

飛蔽天食穀殆盡秋螽蝝徧野蝗復大起無禾

十二年春各屬饑寧海文登飛蝗蔽空秋黃

縣穀秀雙穗有一莖四五穗者福山大有年

十三年夏各屬大旱飛蝗蔽天傷稼秋大饑

十四年洊饑民死大半文登棲霞至殺人而食

十五年二月蓬萊大風拔木壞屋

國朝

順治元年四月棲霞大霜傷麥　二年黃縣大有年　七年春夏文登旱秋萊陽文登大雨水漲禾稼盡淹饑　八年春萊陽饑　十年六月蓬萊雨四十餘日大水　十一年冬招遠大雪平地數尺房舍傾圮民有不火食者　十二年至十四年招遠俱大有年　十三年寧海棲霞大有年

康熙三年蓬萊三月大雨雪奇寒四月大霜傷麥五月萊陽寧海旱八月萊陽蝗蝻生　四年各

屬大旱無麥大饑　五年福山大有年　六年三月朔萊陽大雪夏旱無麥六月福山大雨至八月始止稼傷過半　七年六月文登烈風三日禾稼傷盡饑　八年三月萊陽雪　九年福山旱地無苗冬復大雪平地丈餘人多凍死　十年三月萊陽大雪六月文登大雨三日海溢漂損廬舍禾稼盡淹萊陽大水秋福山無雨　十一年福山春旱夏麥大稔七月萊陽蝗不爲災八月文登大雨雹稻盡傷　十二年福山招

遠春夏大旱二麥盡槁　十五年棲霞大有年

十六年四月蓬萊大風摧木　十九年秋福

山大水　二十三年福山大有年　二十四年

黃縣大有年三月福山大水文登大風拔木十

月福山大雨數日　二十五年秋蓬萊大水

二十八年春文登饑　三十年七月各屬飛蝗

遮天食傷禾稼旋遭雨斃八月棲霞蝻生饑

三十一年正月朔蓬萊大風拔木毀屋秋穀生

三穗豐收　三十三年萊陽饑四月雨雹害稼

二麥皆無　三十五年文登大水大饑秋棲霞饑　三十六年黃縣福山棲霞萊陽大饑　四十二年春各屬大水五月大旱至八月不雨無禾大饑人相食　四十三年春仍大饑民死大半榆皮柳葉皆盡至食屋草　四十五年福山招遠文登大有年　四十八年秋萊陽文登雨傷禾稼饑　四十九年福山饑　五十三年十二月朔福山大雷雨河水俱漲　五十五年夏福山旱七月初五日各屬雷雨大作溪流橫溢

大木俱拔　五十六年福山旱八月萊陽文登
雨雹　五十七年福山大旱七月黃縣大風雨
經一晝夜禾粒搖落大木多拔　五十八年福
山夏旱秋大水七月萊陽文登大雨水溢漂溺
房屋禾稼盡傷　五十九年二月黃縣雨雪黑
如炭屑麥苗多萎棲霞大水　六十年各屬大
旱　六十一年仍大旱無麥
雍正元年九月棲霞蝗食麥苗殆盡萊陽寧海饑
文登大有年　二年二月棲霞虸蚄生傷禾苗

夏無麥五月福山雨雹大如雞卵冬文登大雪
四年黃縣招遠大有年 五年冬福山大雪
深數尺 八年黃縣大水 九年春黃縣招遠
文登饑 十年福山饑 十一年萊陽寧海澇
饑 十二年秋黃縣大有年
乾隆元年海陽饑福山大雪 四年文登榮成先
旱後澇歉收 五年三月福山大雪寒甚五月
文登榮成海陽雨雹九月福山大雪盈尺 六
年各屬大有年 十年三月棲霞大風拔木秋

福山棲霞有年 十一年夏福山文登大雨傷禾秋又大雨 十二年春蓬萊饑五月福山棲霞文登旱六月又淫雨匝月黃縣蝗食穀葉殆盡大饑七月十五日福山棲霞寧海文登榮成烈風拔木雨復大作禾稼盡傷 十三年六月福山棲霞文登榮成苦潦飛蝗蔽日饑棲霞尤甚鬻賣男女 十四年黃縣大饑餓殍載路賣子女無算十月榮成大風 十五年七月黃縣大雨河水泛溢衝坍民房沙壓田畝 十六年

春黃縣大饑三月又雨雪雜降奇寒夏秋仍淫雨不止福山棲霞淫雨蚜蚄食禾稼大饑榮成淫雨害稼又雨雹民多饑死　十七年春黃縣大饑七月棲霞大風損禾寧海文登榮成大水饑　十八年春黃縣蝗蝻生捕之不爲災秋黃縣福山棲霞文登榮成大有年十一月棲霞縣冰　十九年六月黃縣大雨水溢福山先旱後水歉收　二十年黃縣夏旱秋大有年七月文登大風傷禾稼屋垣半傾圮　二十一年秋福

山澇　二十五年秋福山有年　二十六年夏黃縣麥大稔福山秋稔冬大寒樹多凍死文登榮成大雪寒甚　二十七年五月黃縣大水漂沒禾麥福山五月至七月數大雨秋澇　三十年六月榮成大水衝田壞屋傷人　三十一年春夏文登榮成大旱　三十二年三月文登榮成大風拔木折屋　三十六年二月文登榮成大風拔木越二日又大風　三十七年春文登大旱　三十八年文登榮成自六月雨至九月

傷禾稼屋舍傾圮饑　三十九年二月黃縣文登榮成大風連日不息麥苗盡損五月黃縣大雨雹積厚數寸八月文登蝗　四十年夏黃縣文登榮成大旱秋黃縣招遠蝻蝗害稼八月文登雨雹　四十一年秋黃縣大有年冬大寒海凍數十里　四十二年三月黃縣大寒降霜損麥菽種禾秋稔五月文登雨雹　四十三年寧海大饑　四十四年春蓬萊大風四月黃縣雨雹擊損麥穗　四十六年正月朔黃縣大雪六

月又大水田禾盡偃屋傾牆圮井水泛溢文登
大風雨傷禾折屋　四十七年春文登旱五月
又大雨雹傷禾稼黃縣夏旱蝗秋大澇民饑遂
萊大水八月招遠文登大雨浹旬禾稼半死穀
穗生芽　四十八年二月文登大風折屋黃縣
大饑文登榮成自正月至五月不雨　四十九
年黃縣夏蝗秋澇　五十年黃縣春颶風連作
損瀕海麥苗六月大熱人多暍死秋大旱招遠
大水傷禾饑八月文登雨雹　五十一年正月

文登榮成大風拔木雨土黃縣棲霞招遠海陽大饑　五十二年黃縣旱　五十三年黃縣旱秋文登榮成多雨歉收　五十四年五月文登大風寧海大水六月棲霞大雨河溢瀕河居民廬舍一空　五十五年夏黃縣麥大稔一穗兩歧有一莖三穗者　五十六年夏黃縣麥大稔秋澇七月朔文登大風雨　五十七年黃縣春夏旱秋蝗七月又大風雨雹傷稼　五十八年黃縣大有年八月文登大雨雹　五十九年夏

文登榮成旱秋黃縣不雨至冬　六十年蓬萊黃縣棲霞大旱大饑招遠饑文登夏旱蝝食禾秋無雨

嘉慶元年春文登澇秋各屬大有年　二年黃縣大有年　三年夏文登榮成旱歉收黃縣大有年　四年正月黃縣大雪七月文登大風雨禾稼盡傷　五年四月黃縣大風拔樹發屋海陽饑　六年蓬萊蝗文登榮成自春至秋無雨草木盡枯大饑　七年八月黃縣招遠蝗食麥苗

榮成有年十月黃縣大雪文登蝗食麥苗殆盡　八年春文登榮成大雪黃縣二月大風發屋拔木夏蝗蝻交作　九年棲霞春蝗生不爲災秋有年七月文登大風禾稼盡傷　十年閏六月黃縣風雨損稼饑七月寧海蝗文登雨雹　十一年寧海無麥蝝生不爲災四月文登雨雹榮成自正月至五月澇荒　十二年春夏黃縣旱五月文登雨雹秋大有年榮成豆豐收　十三年黃縣饑　十四年冬黃縣海凍　十五年

黃縣澇麥實霉爛秋稼歉收五月榮成大雨秋無豆十二月二十五日及除日又大雨　十六年春黃縣旱夏蓬萊黃縣招遠寧海文登榮成旱秋又大水棲霞淫雨四十餘日大風四晝夜禾稼盡傷皆大饑　十七年正月朔黃縣雨雹大水各屬大饑道殣相望秋寧海大稔榮成豆豐收　十八年六月黃縣蝗冬無冰棲霞大有年　十九年黃縣夏寒五穀不熟秋蝗招遠蟲害稼冬黃縣大寒海凍百餘里凡兩月　二十

年正月朔黄縣大雪秋大有年　二十一年四月棲霞雨雹傷麥黄縣麥大稔　二十三年六月文登大雨平地水深數尺民多溺死十二月棲霞大雨　二十四年六月二十四日文登大風雨禾盡傷饑十二月黄縣大水衝坍橋梁人多溺斃　二十五年夏黄縣麥大稔秋有年冬大寒人多凍死棲霞大雪山谷皆平

道光元年夏黄縣麥大稔秋文登澇蝗食禾殆盡榮成春澇夏旱秋蝗大饑　二年秋黄縣蝗文

登大有年　四年秋榮成旱歉收　五年秋黃
縣旱招遠無菽　六年二月黃縣大風壞麥苗
七年夏黃縣麥大稔六月蝗　八年五月黃
縣暴風拔木屋瓦多飛　九年四月黃縣蝗不
爲災秋大有年　十三年夏榮成初旱後澇歉
收秋棲霞大水　十五年春蓬萊饑夏文登旱
四月黃縣隕霜傷麥六月又旱蝗蓬萊棲霞大
雨七月初四日蓬萊黃縣棲霞招遠大風三日
禾盡抉根大木皆拔大饑文登榮成自六月雨

四十餘日禾菽淹沒八月寧海大雪雷電　十六年春各屬旱大饑寧海海溢淹沒民田　十七年黃縣無麥　十八年春招遠旱無麥秋又無菽黃縣麥大稔文登麥有一莖三穗者四月榮成蝗蝻生捕之秋豐收八月寧海雨雪有雷蓬萊秋稔　十九年春棲霞淫雨夏蓬萊棲霞無麥四月招遠大雨十餘日麥生㾏蟲多不實秋大雨傷禾又大雨雹榮成自四月至七月大雨不止二麥盡傷豆歉收　二十年秋招遠蝗

蟲食禾稼　二十一年正月二十六日各屬大雪深數尺人畜凍死無算　二十二年七月招遠有蟲傷稼　二十三年七月寧海暴風海溢傷禾稼　二十四年夏招遠淫雨　二十五年二月黃縣大風雨木冰十一月大雪平地深數尺　二十六年三月蓬萊雨雹　二十七年三月朔蓬萊大風發屋　二十八年六月蓬萊大旱寧海蝗　三十年二月蓬萊大風陰霾如晦六月大風雨禾稼多偃秋棲霞大有年

咸豐元年二月蓬萊大雪坯戸六月大雨河溢秋歉收　二年二月蓬萊大風晝暝　三年七月蓬萊大風雨傷禾稼黄縣大風折木傷禾　六年二月蓬萊雨雹七月寧海蝗海陽蝗不爲災　七年夏黄縣蝗八月蝻生食禾殆盡棲霞寧海蝗不爲災秋棲霞大有年穀多雙岐　八年四月海陽大雨幷大雨雹積聚成堆禾苗衝沒二麥不登　九年春黄縣旱至五月始雨無麥秋有年四月棲霞雨雹大如胡桃冬蓬萊無雪

十年春蓬萊旱無麥秋捻　十一年捻匪竄擾各屬秋禾被傷

同治元年秋七月棲霞旱蓬萊黃縣福山招遠萊陽寧海大雨連綿河水泛漲淹禾稼黃縣又有蟲災皆歉收　四年正月蓬萊大雪黃縣夏旱秋澇六月至七月萊陽數大雨平地水深七八尺禾稼淹沒房舍坍塌無算棲霞大有年　六年夏五月捻匪竄擾傷禾稼萊陽尤甚　八年春黃縣旱秋又旱冬冬大雪　九年黃縣夏秋旱

冬大雪　十年夏黃縣麥大稔有兩歧者棲霞大有年　十一年夏蓬萊麥大稔棲霞大有年　十二年棲霞大有年

光緒二年海陽旱饑　三年十二月蓬萊海凍兩月舟楫不通各島饑　四年三月蓬萊大風雨土秋棲霞大有年　五年正月朔各屬大風雪閏三月蓬萊雨雹五月各屬大雨四十餘日大水不成災六月十四日寧海文登海陽榮成大風拔木發屋禾稼盡偃　六年三月十四日福

山大雨河漲夏各屬麥大稔

增修登州府志　卷三

祥孽附

漢

永光四年東萊郡東牟山野蠶繭收萬餘石人以爲絲絮

永始二年黄龍見於東萊

後漢

熹平二年黄縣海出大魚二皆長八九丈高二丈餘

六年冬十月東萊大雷

中平四年十二月晦東萊雨水大雷電雹

晉

太康八年九月木連理生東萊盧鄉

宋

元嘉六年九月昌陽涓于邈獲白兔青州刺史蕭思話以獻　十二年正月白麞見黃縣青龔二州刺史王方回以獻

大明元年七月丁丑白麞見曲成獲以獻

後魏

太和十九年二月己未地震牟平虞邱山陷五所

一處有水

熙平元年正月曲成木連理

興和二年四月盧鄉木連理

隋

大業八年東萊疫人多死

唐

神龍三年登州刺史畢元愷獲白鹿以獻

開運三年六月文登地内湧出金銅佛像四

宋

乾德四年十二月登州獻芝之五莖

慶曆六年楼霞地震峿嵎山摧自是屢震輒海底有聲如雷九月登州言有巨木三千餘浮海而出十月京東兩河地震登萊尤甚

紹聖四年十二月黃縣盧山觀池水凝結如珠纍纍成佛塔香爐樓臺花卉諸形狀

元

元貞三年寧海州牟平獲白鹿於聖水山以獻

至正四年二月山東諸路地震有聲如雷

七年三月丁丑朔招遠大社里黑風大起有大鳥自南飛至其色蒼白展翅如席狀類鶴俄頃飛去遺下粟黍稻麥黄黑豆蕎麥於張家屋上約數升許

明

永樂六年正月二十三日登州各屬地震有聲如雷至十二月晦方止大震五十有一小震無算

七年正月二十日復震至三月十四月止

八年登州寧海諸州縣自正月至六月疫死者

六千餘人

正統十年二月十三日蓬萊地大震是月小震凡

九

成化十四年三月二十九日蓬萊黃風大作 十

九年十月二十日大星隕於府城西北光五色

空中如鼓聲終夕 二十三年黃縣文廟殿瓦

生一瓜一蔓二蒂其大如缶

宏治五年黃縣文廟殿中几龕籩簋徧生芝草

福山哨村民王姓婦產龍後禱雨有應土人爲

之立祠

正德七年三月文登大桑樹火樹熘而枝葉無損

成山衛秦始皇廟鐘鼓自鳴殿宇傾圮是月流

賊劉六劉七擁衆入城六月丁卯夜招遠有赤

龍懸空光如火盤旋而上天鼓隨鳴　十二年

九月己卯濟青登萊四府地震

嘉靖十二年十月丙子夜星隕如雨　十八年文

登澤頭集李鐙家有龍破壁而飛雹隨之爪迹

尚存　二十五年九月初二日寧海文登地震

有聲　二十七年八月十二日登州地大震城爲之崩壞民廬舍無算　三十四年十二月二十九日卯初日生四耳俱紅赤色在北者光芒奪目　三十五年六月二十日南方一星倏吐光焰丈餘夜分羣星三十餘南奔光芒異常七月二十六日颶風起府城東南市中鍋器起丈餘拔木壞屋　四十年黃縣火龍晝見

隆慶二年三月戊寅登州地震

萬歷七年六月晦大雨招遠東關大河驟溢居民

驚起髣髴見一物狀如牛橫卧中流水逼而西

千家盡掃　八年文登萬石山崩　二十三年

府城軍器局災　二十五年冬蓬萊地震有聲

哼哼如車音良久乃止萊陽文登成山衛同時

皆震　二十六年春蓬萊地震者三　二十七

年三月蓬萊地震者再萊陽亦震　三十年冬

十二月福山地震　三十一年秋八月福山地

震有聲　三十二年十二月福山地震　三十

三年七月福山地震　三十五年黃縣黃山館

產白豕頭有肉角　三十七年春二月福山地震如雷七月復震五月福山民盧光恩妻一產三男　三十九年十月府城東街梁惠園牡丹開　四十年蓬萊產白烏冬無冰　四十二年棲霞任留山鳥巢生異鳥有文采鄉人以爲雉少項鸛鳥畢集乃謂鳳云　四十四年夏秋福山大疫死者甚衆　四十六年三月蓬萊備倭城西營火秋蚩尤旗見東方每夜白氣亘天東西約三丈餘經月不散又彗星長丈餘見於東

北光射中央　四十七年黄縣民家產豬二頭
四耳八足　四十八年八月招遠民家產豬腹
下又仰一豬合體無頭四足一尾
泰昌元年十二月甲寅府城北門樓災
天啓元年四月十九日訛言賊兵自東來民皆驚
走相蹂踐竟夜不息詰旦寂然不知所以自文
登至昌邑八百里訛言時日皆同人謂之鬼兵
秋文登地震　二年八月府城西北角樓災
四年正月日暈春棲霞地震自東北來有聲五

月府城東北角樓災黃縣有狼夜入城民格殺之十月天鼓鳴　六年七月庚寅府城樓火　七年六月招遠先師廟棟生紫芝一本三歧

崇禎二年棲霞見天赤如血　三年正月朔棲霞大風霾晝晦六月招遠大雨先師廟殿角有蟄龍夭矯飛去　四年五月黃縣關帝廟前井水如沸三日　五年夏蓬萊大疫　七年春有沙雞自海島飛來搖翅如殺殺聲形如鴿惟食沙因名人以爲兵象五月棲霞萊陽地震星隕有

聲　八年棲霞有物出自城南其大如斗彩若
鐵重數觔土人呈於官棄之　十年夏五月黄
縣灰城曈大風捲地烟焰薄天隱隱見烟光中
有龍掉尾而去黄霧漫寰萊盧諸山　十一年
八月黄縣閻家曈民屋櫟生芝草一本　十三
年招遠牛疫死者殆盡　十四年棲霞黄霧四
塞日無光萊陽疫人死者甚衆　十五年七月
地震有聲蓬萊棲霞狼入城十一月萊陽民曲
守行妻一産四男　十六年正月元日棲霞縣

宅災二月萊陽鸛鳥翔空飛蔽天日

國朝

順治元年二月府城颶風大作激海水至壖上是夜數處失火春萊陽牛生犢一體二首秋七月萊陽興國寺前井出白氣　二年黃縣有一二野猪來至海濱繼入山內生育漸多蹂食禾稼　三年冬萊陽有婦生男一身二首四手一尾　四年萊陽淺水莊地裂深數丈無際　六年夏萊陽牛大疫　八年四月二十六日黃縣萊

山巨石崩聲聞數里　十年夏六月招遠張鳳羽家寢室棟生紫芝　十四年春萊陽鵲巢于地冬棲霞有虎至次年春足迹見於厲壇後遂西去　十五年冬萊陽諸村每夜見白衣人持石擊人出與敵輒不見五月乃止　十六年黃縣有虎至南山食牛畜三月走入城北于家村臥伏圂中知縣王作率民役射殺之八月棲霞星隕聲如巨雷光芒異常招遠縣衙東南隅生芝三本冬天鼓鳴彗星犯北斗　十七年黃縣

姜家村池內並蒂蓮生秋七月萊陽西莊見黑
龍二大風隨之火光數道傷禾壞廬拔彭家莊
古柳下成潭九月萊陽有沙雞自南北飛 十
八年二月夜白氣竟天棲霞豕生異獸一角旋
斃十二月十二日棲霞白氣歷城頭直亘東西
四月日生四耳或見若四日並鬬狀歷半月始
息夏萊陽蝝鳴樹上十二月二十九日萊陽雷
康熙元年正月太白經天白虹貫日春萊陽徐惟
平妻生男四目四手四足夏四月福山萊陽棲

霞寧海大疫人死甚衆冬十二月十六日萊陽縣廳西壁崩壓死三人一乃犯贓吏擬死遇赦免者二十七日又無雲而雷　二年正月天鼓鳴初二日萊陽見流星大如月光燭地自南而北初九日又無雲而雷至二十三日有聲如海嘯自西南起至子時方息夏白氣沖天十一月萊陽沙雞至　三年三月萊陽羊圈口潮上大魚長六丈餘聲如雷旋死八月十七日萊陽地震十月望後彗星犯北斗光芒丈餘至十二月

初八日始滅　四年春彗星復見文登地震三月初旬長庚晝見十月朔萊陽無雲而雷黃縣文廟西梁上生芝草三莖　七年正月日生四耳二十五日白虹見西南如匹練有彗星如疋布著天見於軫宿閱三月餘歷十五宿而始滅六月十七日有聲如雷自東北來全省地大震城垣廬舍傾圮無算人畜壓斃不可勝紀蓬萊地裂湧白沙黑水六月福山兜余村西井水上湧有聲如雷鄉人焚香號祝乃息　八年三月

初九日蓬萊福山地震至初十日五更又震十
四十五俱地震有聲如雷　九年六月十三日
日圍有圈色紅黃南方又見紅黃色如彩練東
西橫披十二月十八日文登紫金崮崩　十年
十月初二日夜福山地震有聲　十一年青登
萊三府地震　十六年秋招遠縣署內生瑞芝
三本　十七年西南一星上帶白氣長丈餘形
如帚沖入北斗月餘而沒　十八年正月日生
八環六月初一日寧海文登地震　二十一年

五月初六日雷震文登縣署二堂八月初一日彗星晝見至十一日始滅　二十四年十二月二十四日蓬萊福山文登地震有聲越二日又震　二十五年六月二十八日文登見流星自東南起大如斗明如日穿南斗入天河不見即聞天鼓四五陣　二十六年夏六月黃縣龍晝見於朱家村煙霧蒙密火毬飛起十月蓬萊棲霞文登地震聲如雷自是屢震月餘乃息十二月十六日棲霞地震如雷自是屢震月餘乃息

十七日文登地震　二十八年六月初一日文登地震　三十年秋七月棲霞訛言有兵變農民驚避不知所起　三十七年萊陽民劉明妻一產三男　四十二年秋文登大疫民死幾半　四十三年福山瘟疫死者無算　五十一年文登縣民邵宗湯妻一產三男三月十八日福山地震　五十二年三月十八日子時福山紅光滿處三四兩月棲霞地屢震十二月初一日夜半又雷發聲者三　五十三年黃縣民魏振

先妻一產三男　五十四年三月十八日福山夜見紅光滿處　五十九年七月十四日招遠見流星光如電天鼓鳴十六日萊陽有赤氣自東南起倏如匹練橫亘向西北去有聲如雷

雍正元年黃縣城北池蓮生並蒂　三年二月日月合璧五星連珠　七年十二月二十八日夜分福山紅光滿處寧海正北慶雲五色經三時始收羣稱嘉瑞從來未有　八年黃縣民高從義妻一產三男　九年蓬萊民張學倫妻一產

三男　十年四月朔後日色慘澹若沙蒙霧罩者然十七日日色赤如血中有二黑子動搖未申閒日中黑暈一道色赤更甚如此數日

乾隆元年十一月二十四日黃縣福山文登地震又連震數日　二年九月黃縣有狼白晝入城縣民擊殺之　五年十二月初一日黃縣地震二十四日又震海出大魚長六丈其骨專車

六年二月彗星見西方長丈餘七月復見至十二月始滅　七年十月彗星又見　九年秋彗

星見於西南三月始没　十一年十一月十九日蓬萊微雨雜雪雷聲連發　十二年十一月十九日黃縣大燠　十三年春福山大疫死亡接踵　十五年五月黃縣文昌廟柏樹開花棲霞民李文振妻一產三男　十九年棲霞牛疫死者過半　二十年七月初旬黃縣南池並蒂蓮生中旬復生　二十九年秋訛言有兵至民驚散逃竄自黃縣至文登凡三百里訛言相同

三十年二月十一日文登榮成地震者屢

三十二年六月二十日文登榮成地震　三十四年黃縣民王偲妻一産三男秋彗星見　三十五年七月二十九日榮成夜見北方紅光燭天　三十八年十二月除日黃縣叢林冶基寶塔三寺鐘鼓自鳴　四十年八月十七日亥時文登榮成地震　四十一年正月朔黃縣黃霧蔽空　四十三年冬黃縣無冰百花開　四十五年招遠呂氏塋域木生連理　四十七年蓬萊瘟疫　五十年夏六月黃縣大熱八月初十

日黄縣文登地震　五十五年十月初六日文登榮成地震　五十六年十月初九日文登榮成地震　五十九年二月初六日亥時黄縣署內科房災

嘉慶元年二月榮成有聲如雷自東北向西南　二年十一月二十二日榮成天鼓鳴　三年四月黄縣海出大魚長數十丈六月中旬大熱人暍死無算　四年正月二十五日文登榮成地震十二月朔蓬萊大霧竟日氣如硫磺　六年

四月榮成有星見於北方色赤如火狀西折如龍五月棲霞卭家村王氏婦化爲男子　十年六月黃縣大熱人多暍死　十一年十月十四日黃縣地震十一月十八日又震　十二年七月彗星見西方至十月始没　十五年正月十七日榮成黃霧充塞夜大風春文登野猨爲害　十六年彗星見長三丈餘四月初九日申時文登地震五月初三日七震天鼓四鳴初四日三震初五初八十四等日六月二十三日皆震

九月十六日凡三震九月彗星見西北經兩月始滅　十七年各屬大疫　十八年文登狼復爲害彗星見　二十年彗星見於西　二十一年文登狼害更烈知縣召募獵戶捕之至二十三年始息　二十二年四月初八日榮成地震如雷　二十三年秋七月黃縣有熊走入位莊村土人用鳥槍擊斃　二十四年十月十二日黃縣地震十六日又震

道光元年四月朔日日月合璧五星連珠六月至

八月各屬大疫死者無算至十月乃止　三年
六月文登地震　五年夏黃縣城南池並蒂蓮
生　九年十月二十三日黃縣地震　十一年
海陽民孫洪妻一產三男　十二年蓬萊瘟疫
十三年夏四月十八日招遠羅山石崩一角
聲聞數十里棲霞白氣竟天　十五年夏彗星
見西北秋招遠後夼村臺子村俱蓮開並蒂
十六年春海陽大疫　十九年十二月十二日
榮成大雷十六至二十三日又大雨　二十二

年秋有白氣見於西南長數丈數月方沒　二十三年三月初八日夜棲霞地震　二十四年夏白氣竟天八月二十五日寕海地大震移時方定　二十六年春夏黃縣大疫幼孩夭傷無算六月十二日黃縣寕海地大震　二十七年太白晝見六月朔蓬萊見大星隕於東南其巨如盌　三十年正月朔大霧雨水山野枯草皆被冰林木如介初三日棲霞聞天鼓鳴

咸豐元年六月初五日彗星見　二年三月黃縣

民王經魁妻一產三男　三年正月二十二日黃縣黃霧四塞著人衣皆黃二月初十日棲霞雨土三月初七日棲霞地震五月初七日日色赤如血人影皆如披毳夜月赭無光七月黃縣大風鳳皇山塔圮　四年八月彗星見西北長尺餘數日滅　五年十二月初一日棲霞地震初五日黃縣地震　六年二月初九日棲霞雨穖初十日各屬大風揚塵日無光三月二十五日日色如藍無光五月彗星見光芒甚長七月

寗海大疫　七年十二月二十六日蓬萊地大震有聲如雷自西北來自此數震　八年正月二十七日蓬萊地復震越二日大震又十餘日始止自上年至此凡三十餘震七月初五日日月無光者三晝夜八月有星孛於北斗漸移而南至天市垣長六七丈芒焰異常二十餘日乃滅　九年正月十四日蓬萊鄉民訛言寇至鳴銃徹夜至天明始止五月十五日棲霞鐵日社民家豕生數豚有無毛而象鼻者有鄉頭者有

五爪類虎者旋皆自斃　十年三月彗星見西北長二尺餘又一見東南長四五尺數日始滅　十一年五月二十五日棲霞地震有聲六月夜白氣如匹練横貫南北十餘日始隱八月朔日月合璧五星聯珠九月捻匪南竄蓬萊黄縣皆大疫海陽牛大疫

同治元年七月各屬大疫死者無筭半月始止十六日初昏衆星交隕多趨西南縱横如織夜分始息冬黄縣大燠　二年正月初二日蓬萊棲

霞大雷雨初七日黃縣雷二十五日又雨木冰
二月初七日亦如之　四年正月初三日黃縣
無雲而雷　五年秋太白經天七月二十三日
棲霞南七星橋地響如鳴鞭絡繹不絕凡四日
六年二月棲霞天雨草子如蕎麥至六月捻
匪過境秋稼失時惟蕎麥豐收夏黃縣疫幼稚
多殤　七年正月黃縣城南池冰結紋如花卉
枝榦分明至數百本民家盆盎冰亦如之冬雷
八年海陽民隋元春妻一產三男　九年夏

黃縣城南池蓮開並蒂　十年夏黃縣菜園泊
王姓家蓮開並蒂　十一年海陽牛大疫　十
三年六月有星孛於文昌棲霞牝雞化雄海陽
民李廷簡妻一產三男
光緒元年秋棲霞牛大疫海陽榆林莊東山有潭
甚深忽空際雲生紅黑隱有龍形潭中白氣突
起狂風大作拔木走石移時方息　三年棲霞
城東外泮蓮開並蒂　五年六月蓬萊大雷雨
羽山北麓黑水噴湧地裂爲溝深六七尺長至

二里餘其南亦震裂一溝長半里許大石中斷若斧鑿然二十四日萊陽陰雨忽黑雲中有物旋轉怪風突起屋瓦皆飛居民趙姓尉姓房被揭去梁棟椽柱不知所之大樹拔折甚多七月初十日蓬萊地震越二日又震

(清)王文燾修　(清)張本、葛元昶纂

【道光】重修蓬萊縣志

清道光十九年(1839)刻本

天文志

災祥

休咎之徵應乎五事，故唐虞有景星慶雲之瑞，春秋紀石言神降之異，豈徒氣運所關，亦政治所係也。蓬邑前志畧災祥而不紀，府志暨續府志僅至乾隆六年，後之人欲求年之豐歉、民之苦樂安所考也。今特即故老所傳聞，補綴成編，庶幾牧斯土者求民瘼而敬天怒，則災祥可不論矣。

明

嘉靖三十五年六月二十日南方一星倐吐光燄丈餘夜分羣星三十餘南奔光芒異常

七月二十六日颶風起城東南市中鍋器起丈餘拔木壞屋

三十九年夏大旱

四十年大饑知府劉瀅發粟賑之

隆慶三十九年七月七日大風雨越二日海溢日午有黑氣自東北來巽颶暴作大雨如注連綿三晝夜廬舍傾圮文廟古栢及民間樹株皆拔禾稼一空又

二日霖雨再作海嘯八城沿海居民溺死無算

四十三年大旱饑時炎蒸異常道多渴死七月初九日始雨又至九月不雨蝗蝻生人噉木皮城幾罷市知府陶朗先多方賑恤開糴於遼招南北商船兼糴於淮又廣設粥廠單騎稽察全活九萬餘口

四十四年大饑時閩省荒人相食蓬萊諸邑尤甚朝廷發賑銀萬兩漕米四千九百餘石

泰昌元年十二月甲寅北門樓災

天啟二年八月西北角樓災四年五月東北角樓災

崇禎七年春有沙雞自海島飛來搖翅如殺殺聲形如鴿唯食沙因以沙名人以爲兵象

國朝

順治十年夏六月雨四十餘日水浮畫橋

康熙六十年大旱

六十一年大旱無麥

雍正九年縣民張學倫妻一產三男

乾隆六年大有年

十二年饑

四十四年大風

四十七年大水瘟疫

六十年無雨大饑

嘉慶元年大有年

六年蝗

十六年夏旱秋多水百穀無成彗星見

十七年大瘟疫

十八年彗星見

道光元年日月合璧五星聯珠

夏六月大瘟疫

十二年瘟

十五年秋七月大風傷稼知府英文知縣王文壽賑卹

十九年無麥

【光緒】蓬萊縣續志

（清）鄭錫鴻、江瑞采修　（清）王爾植等纂

清光緒八年（1882）刻本

蓬萊縣續志卷之一

天文志

災祥

道光二十一年正月二十六日大雪深數尺人畜凍死無算

二十二年秋有白氣見於西南長數丈數月方没

二十四年夏白氣竟天

二十六年三月雨雹

二十七年三月朔大風發屋太白晝見六月朔見大

星隕於東南其巨如盌

二十八年大旱

三十年正月朔大霧雨水山野枯草皆被冰林木如介二月大風陰霾如晦六月大風雨禾稼多偃

咸豐元年二月大雪坯戸六月初五日彗星見是月大雨河溢秋歉收

二年二月大風晝晦

三年七月大風雨傷禾稼

四年彗星見西北長尺餘數日滅

六年二月初十日大風揚塵日無光雨雹三月二十五日日色如藍無光五月彗星見光芒甚長秋蝗過

七年十二月二十六日地大震有聲如雷自西北來自此數震

八年正月二十七日地復震越二日大震又十餘日始止自上年至此凡三十餘震七月初五日日月無光者三晝夜八月有星孛於北斗漸移而南至天市垣長六七丈芒燄異常二十餘日乃滅

九年正月十四日鄉民訛言寇至鳴銃徹夜至天明

始止冬無雪

十年春旱無麥秋稔三月彗星見西北長二尺餘又一見東南長四五尺數日始滅

十一年六月夜白氣如匹練橫貫南北十餘日始隱

八月朔日月合璧五星聯珠捻匪竄擾秋禾被傷至九月患甫息大疫

同治元年七月大雨連綿河水泛漲淹禾稼大疫死者無算十六日初昏衆星交隕多過西南縱橫如織夜分始息

二年正月初二日大雷雨

四年正月大雪

五年秋太白經天

六年五月捻匪竄擾傷禾稼

十一年麥大稔

十三年六月有星孛於文昌

光緒三年十二月海凍兩月舟楫不通各島饑

四年三月大風雨土

五年正月朔大風雪閏三月雨雹六月大雷雨羽山

北麓黑水噴湧地裂爲溝深六七尺長至二里餘其南亦震裂一溝長半里許大石中斷若斧鑿然七月初十日地震越二日又震

六年麥大稔

七年有秋六月彗星見西北方陡入杓斗間不動十餘日始滅臘月十五日巳時日外暈數重

八年正月元日日暈亦如之

【同治】黄縣志

（清）尹繼美纂修

清同治十年（1871）刻本

祥異志

天道循環盈虛消息禍福倚伏其機莫測惟休惟咎備登載籍何以弭之曰修厥德志祥異

自董仲舒治公羊春秋好言災異劉向父子撰洪範五行傳互相窺測迭因本其說作漢書五行志歷代史家因之魏書改作靈徵志南齊書改作祥瑞志宋書則於五行志之外別立符瑞志或譏其近於誕矣舊志祥異終於乾隆二十年縣有耆民杜璇紀自乾隆二十六年至道光九年名曰芝陽記今據以續焉星象變異不屬縣之分野例不當書故於舊志芝陽記所載者

盡删之舊志或有闕誤則考史以補訂云後漢永初二年大饑朝廷禀之熹平二年海出大魚二枚長八九丈高二丈餘六月海水溢出漂沒人物六年冬十月大雷光和六年冬大寒井中冰厚尺餘其年大有以上後漢紀志俱載東萊事黃縣在後漢爲東萊郡治例得書縣舊志載永和二年蝗建甯四年海水泛溢考漢紀志永和二年蝗並無其事惟本紀載建甯四年二月地震海水溢未嘗言東萊也晉咸甯六年三月旱晉志載是月青梁幽冀郡國旱永甯元年旱晉志載自夏及秋青徐幽幷四州旱宋元嘉十二年正月白麐見青冀二州刺史王方回以獻宋書符瑞志載黃縣事舊志方訛作萬十二年訛作六年且訛作趙宋事魏景明元年大饑魏書帝紀載是年青齊徐兗四州大饑永光四年饑帝紀載是年二月青齊徐兗四州民饑甚遣使賑恤延昌二年夏饑帝紀載是年六月青州民饑詔使者開倉賑恤三年夏饑帝紀載是年四月青州民饑詔開倉賑恤北齊天

保九年夏蝗北齊書帝紀載是年夏大旱山東大蝗差夫役捕而坑之乾明元年螽水傷稼帝紀載是年夏四月詔河南定冀趙瀛滄南膠光青九州往因螽水傷時稼遣使分塗賑恤隋大業八年旱疫隋書本紀載是年大旱疫人多死山東尤甚唐興元元年秋螟蝗唐志云螟蝗自山而東際於海晦天蔽野草木葉皆盡貞元元年夏旱蝗唐志云蝗東自海西盡河隴羣飛蔽天旬日不息所至草木葉及畜毛靡有孑遺餓殍枕道民蒸蝗曝颺去翅足而食之會昌元年秋雨雹唐志載登州雨雹文登尤甚宋端拱二年旱大饑宋史五行志載是歲河南萊登深冀旱甚民多饑死詔發倉以貸之景祐元年春饑宋史本紀載正月甲子發江淮漕米賑京東饑民見府舊志治平元年旱宋志載是年登州旱紹聖四年十二月廬山觀池水凝結如珠纍纍成佛塔香鑪樓臺花卉諸狀事並載府縣舊志蓋本之宋人徐三畏所紀建炎三年大饑宋志載是年山東郡國大饑人相食時金人陷京東諸郡民聚為盜至車載乾尸為糧金正隆二年六月蝗大定十

六年旱蝗明昌二年旱饑四年大稔大安二年四月大旱至六月雨復不止民間斗米至千餘錢崇慶元年旱以上見金史五行志元中統元年饑發常平以賑四年蝗至元七年旱蝗減其年包銀之半二十四年淫雨傷稼二十九年蝗元貞五年大水大德十二年饑禁民釀酒至大元年大饑遣使賑濟二年七月蝗至治二年正月饑發米賑之五月又饑弛其河泊之禁致和元年饑發鈔賑之天歷元年有年至順元年蝗以上見元史本紀明洪武二十年大饑上命尚書唐釋賑之正統六年秋蝗見明史五行志天順四年夏旱成化七年九月大風雨海水溢淹田宅人畜明志載山東七府及浙江杭嘉湖紹四府俱海溢淹田宅人畜無算二十三年文廟殿瓦生瓜一蔓二蒂大如椀

宏治五年文廟殿中几龕籩鐙徧生芝之草十四年五月雨雹損麥（明志載是月乙亥登萊二府雨雹損麥禾）正德四年大饑十二年九月巳卯地震（見明志）嘉靖十三年蝗禾稼食盡二十年二月不雨至於六月知縣賈璋爲文禱神大雨仍有年二十一年春大風霾沙壓田禾旱蝗相仍賈璋禱以文郎日風息蝗滅四十年龍鬭見隆慶二年三月戊寅地震（見明志）萬歷十年秋大雨井水泛溢十二年秋鹹雨醃稼民饑二十年夏大水漂西關廬舍二十二年大饑三十一年饑三十五年黃山館民家產白豕頭有肉角三十八年大旱（見明志）四十二年大風拔樹四十三年夏六月颶風海水溢淹禾稼及屋舍沙壓近海土田其秋八月霪雨山水衝淹金家

疃等處居民田禾四十四年春大饑斗粟千錢餓殍載道盜聚夜刼市井人至相食市賣子女上遣御史過庭訓發帑金十六萬米十萬石賑之黄縣設粥廠十二處四十七年六月民家生豕雙頭四耳一身八足八月蝗並見明志天啟元年四月十九日酉時民喧傳賊兵自東來相攜老幼竄匿園林山谷見南山有火光益錯愕無措竟夜不寐詰旦寂然號曰鬼兵相傳自文登至昌邑凡八百里訛言時日相同南山火光者鄉民逃竄遺火燃野草也四年有狼夜入城縣民董某格殺之某尋卒崇貞四年五月北街關帝廟前井水如沸凡三日五年正月十二日積雪數尺日色慘白無光是日城陷七年春有烏自海飛來翅搖如

殺殺聲形大如鴿惟食沙因名曰沙雞人以爲兵象十年春不雨知縣任中麟爲文禱之翼日大雨夏五月灰城疃大風捲地煙焰薄天隱隱見煙光中有龍影掉尾而去黃霧漫塞萊廬諸山十一年八月縣西閻家疃民屋棟生芝草二本其年春不雨夏蝗飛蔽天食穀稼殆盡秋螽蝝遍野叢集禾菽穗纍纍如貫珠蝗飛復蔽天無禾十二年春饑秋穀秀雙穗有一莖四五穗者十三年旱見明志

國朝順治二年大有年三年有一二野豬來自海濱繼入山内生育漸多蹂食禾稼八年四月二十六日萊山巨石崩聲聞數里十六年有虎至南山食牛畜三月走於城北于家村臥伏園中知縣王作宰民役射殺之十七年縣西

北白沙姜家村池內並蒂蓮生康熙四年冬十一月文廟西梁上生芝草三莖七年六月十七日戌時地震有聲如雷自東北來二十四年大有年二十六年夏六月龍晝見鶯嘴口朱家村煙霧棠窓火毬飛起三十六年饑四十二年夏雨連綿秋無禾四十三年大饑斗粟銀一兩六錢人至相食　朝廷命截漕發帑以賑四十五年大稔斗粟不至百錢五十三年縣民魏振先妻一産三男七月五日雷雨大作溪流横溢大木俱拔五十七年七月二十一日大雨酉時起大風至次日巳時方止禾粒颳去大半大木多拔五十九年二月十日雨雪黑如炭麥苗多萎六十年大旱無麥雍正元年城北池蓮生並蒂四年大有年八

年大水縣民高從妻一產三男九年春饑斗粟錢千二百十二
年秋大稔乾隆元年十一月二十四日戌時地震二十八日復
震二年九月有狼白晝入城縣民趙瓦匠以鐵錘擊殺之五年
十二月一日午時地震二十四日海出大魚長六丈其骨專車
十一年十一月十九日大燠十二年夏蝗食穀葉殆盡大饑十
一月十九日午時微雨雜雪雷聲連發十四年大饑斗粟錢一
千七百餓殍載道賣子女無算知縣袁中立捐錢賑濟十五年
五月文昌廟柏樹開花七月二十四日大雨河水泛溢瀕河民
房多衝坍沙壓土田廢不可耕十六年春大饑知縣袁中立勸
賑三月十五日雨雪雜降行人多凍死十七年春復大饑十八

年春蝗蝻生知縣袁中立募民捕之蝗不爲災歲大有十九年六月四日大雨如傾水勢滔天西關內外彈子灣小河崖北澗馮家等村橋梁廬舍衝坍不可勝數二十年夏大旱知縣袁中立爲文禱於城隍廟雨大沛稱有年七月初旬南池並蒂蓮生中旬復生以上據府縣志兼採明志二十六年夏麥大稔二十七年五月二日大水漂没禾麥衝坍廬舍二十九年秋訛言有兵至民驚散逃竄自縣至文登凡三百里訛言相同三十四年東臺村民王偲妻高氏一産三男三十八年十二月除日叢林冶基寶塔三寺鐘鼓自鳴三十九年春大風揚沙連日不息麥苗損五月二十日雨雹積厚數寸擊死禽鳥無算四十年夏旱秋螟害稼四

十一年元旦黃霧蔽空秋大有年冬大寒海凍數十里船滯海中履冰溺死者多四十二年三月望後大寒降霜損麥改種別禾秋有年四十三年冬無冰百花開四十四年四月二十三日雨雹擊損麥穗四十六年元旦大雪六月十九日大水田禾偃屋牆坍井水泛溢四十七年夏旱蝗秋大澇民饑四十八年春大饑斗米錢一千四百斗麥錢二千三百商自遼東販糧至民賴以全四十九年夏蝗秋旱五十年春颶風連月損瀕海麥苗夏六月大熱人多暍死先是吉臺街有一道士行歌曰十四五六日日降三十度熱死人無數戒人三日內午時休舉火毋行路人多不信及是果驗秋大旱八月十日地震五十一年春大

饑麥一斗錢三千六百豆一斗錢三千二百知縣王昌請糶常
平倉五十二年旱五十三年旱五十五年夏麥大稔有兩歧之
瑞且有一莖三穗者是年糧價平斗米錢千五十六年夏麥大
稔秋蝗五十七年春夏旱秋螟七月一日大風雨雹傷稼五十
八年大有年五十九年二月六日亥時兵刑工三房災秋至冬
不雨凡五月六十年大旱民饑嘉慶元年二年三年大有年三
年四月海出大魚長數十丈六月中旬大熱人暍死無算四年
正月二十八日大雪十二月朔大霧竟日覿面不見人氣如硫
磺五年四月五日大風拔樹發屋七年八月二十七日蝗自西
飛來連日殘食麥苗官命民捕之斗蝗易以十錢十月十七日

大雪八年二月二十日大風發屋拔木夏蝗蝻交作十年夏六月大熱人多暍死閏月十四日風雨損稼十一年正月官以年饑禁民元宵張燈十月十四日地震十一月十八日地又震十二年春夏旱十三年饑十四年冬海凍十五年澇麥實霉爛秋稼歉收十六年春夏旱羣丐自西來强入人家就食其秋霪雨十一月十四日大雪貧民多凍餒死十七年元旦雨雹大水其春大饑斗麥錢五千五百斗秫錢四千四百斗粟錢三千四百斗豆錢三千六百縣紳貢允升疏請於　朝發帑以賑知縣朱奕勳亦請於大府糶倉穀平市價又勸富戶捐穀爲粥賑之其年大疫十八年六月蝻冬無冰十九年夏寒五穀不熟秋蝻冬

大寒海凍百餘里凡兩月二十年元旦大雪秋大稔二十一年夏麥大稔二十三年秋七月有熊走入位莊村土人用鳥槍擊斃二十四年十月十二日地震十六日地又震十二月二十八日大水衝坍橋梁人多淹斃二十五年夏麥大稔秋有年冬大寒人多凍死道光元年夏麥大稔秋七八月霍亂病大作死者無算傳言改歲病方息民間多有擇日過年者二年秋蝗五年夏城南池並蒂蓮生秋旱六年二月二十六日大風壞麥苗七年夏麥大稔六月蝗八年五月二十六日暴風大木拔屋瓦飛九年四月蝗不為災秋大稔十月二十三日地震以上據芝陽記十五年四月四日隕霜損麥六月旱蝗七月四日大風雨木拔禾偃

十六年大饑十七年無麥十八年麥大稔二十一年正月二十六日大雪深數尺人多凍死二十五年二月十八日大風雨木冰十一月大雪平地深數尺二十六年春夏大疫幼孩夭殤無算六月十二日地震三十年正月朔雨木冰山野枯草亦凝霜如冰咸豐二年三月縣民王經魁妻一產三男三年正月二十三日黃霧四塞著人衣皆黃七月二十六日大風木折鳳凰山塔圮五年十二月五日地震七年夏秋間蝗八月蝗生子食禾殆盡九年春夏旱無麥至五月下旬始雨民爭播種其秋有年十一年九月大疫時病者目盡黃謂之黃眼瘟孕婦死者尤多同治元年七月霍亂病大作死者無算冬大燠二年正月七日雷二十五日雨木冰

二月七日亦如之四年正月三日無雲而雷夏旱秋澇六年夏大痢幼孩多殤七年正月城南池冰結花紋數百本每本相離數尺枝幹分明民家盆盎結冰紋亦若花枝冬雷八年三月旱禱而獲雨其秋八九月間又旱復禱而獲雨冬大雪九年夏城南池並蒂蓮生是年夏五月旱秋九月復旱皆禱而獲雨冬大雪兩年四次旱知縣尹繼美偕同官步禱於泉水疃萊山廟行宫取水於龍潭設壇於東嶽廟集衆僧誦雲輪經並應時雨注稱有年人以爲異十年夏麥大稔其穗有兩岐者城南菜園泊王家花園邈生並蒂傳曰天道遠人道邇非所及也何以知之然余竊嘗徵洪範之言豈欺我哉武丁有雉雊之異宣王遇旱

眚之災皆恐懼修省轉禍爲福詩書美之長民者用刑行政誠能祗敬天命未必不足以感召天和許愼云吏冥冥犯法即生螟吏乞貸則生蟘同螣吏抵冒取人財則生蟊即其言而繹之可作官箴也

□縣志　卷之五
九

【乾隆】福山縣志

（清）何樂善修　（清）蕭劼、王積熙纂

清乾隆二十八年（1763）刻本

災祥

考春秋二百四十二年間稱有年者止二其中水旱螽螟無麥無禾大書特書不一書矣又綱目威烈王至漢明帝二百餘年止一書大有甚矣有年之難而無年之頻也豈亦自天人之相

感者與夫干戈饑爲災祲人物著爲休咎載之史書彰彰可考非以廣聞見將使後之覽者有感於斯文耳用仿春秋之意歷歷志之以爲鑒觀焉

元

天歷元年 大有年

明

永樂六年 地屢震有聲如雷大震五十有一小震無算

七年復震

正統十年二月十三日地大震

成化十二年大有年十三年先旱後澇傷禾

弘治五年大旱

芝水社東南哨村民王姓婦產龍天順間禱雨

有應土人爲之立祠

正德四年大饑五年流賊劉六劉七等擁衆犯城賴高越固守得全詳見城守

八年夏飛蝗蔽日十一年秋大水

嘉靖七年大饑十二年至十四年蝗二十七年旱八

月十二日地大震十一月大雪平地三尺餘三十四年十二月二十九日卯

初日生四珥俱赤色　三十五年六月二十九日南方一星在北者光芒奪目候吐光焰丈餘夜分羣星三十餘南奔光芒異常　三十六年麥無　三十七年大饑糴於遼

隆慶二年春大饑夏不雨

萬歷十三年饑穀價騰踴時有以均斗建議者官從之而價愈倍民亂於市奮呼攘奪知縣金鉉鎮之乃息　二十二年饑斗米錢四百餘　二十五年冬十一月地震有聲時礦使東下鑿地採金值地震轟轟如車音良久人以爲有所致然　二十六年春正月初七日地震八日復震二月二十九日又震　二十七年春三月初二日地震十一日又震　二十八年麥穗雙岐　三十年

冬十二月地震。三十一年秋六月地震山聲。三十二年冬十二月地震。三十三年秋七月地震。三十七年春二月地震如雷，夏五月所舍盧光恩一產三子。四十一年秋七月大雨如注者三日夜，猛風拔木，禾稼盡傷，兩河俱泛漲，風擁水不能流，城垣坍塌。四十二年旱，春饑，府判高守請視粟以兩院贓銀按籍聚賑，給散百姓稱平。四十三年大旱，自三月至九月不雨，五穀不登。四十四年春大饑，斗粟千錢，流亡載道，部發帑金漕米給郡邑煮粥以賑，邑得銀四千二百兩有奇。知縣宋大奎置簿籍圖，立粥廠二十處，令鄉民有藥濟者分理，饑民得生，且弭盜有方，鄉居者安堵。夏五月大疫，死者無算，出俸金收埋，復上聞，以藥材施濟病人，全活甚衆。

天啟三年秋大水四年秋大水七年秋大水

崇禎元年秋大水四年秋大水五年登州陷大岚[illegible]恐夏大疫

年春有沙雞自海島來一羣萬搖翅如殺殺聲形如鴿累十一年夏蝗十

二年秋大有十三年自春徂秋無雨蝗殺稼[illegible]盡人相食知縣吳聞詩[illegible]

上撫賑饑

國朝

康熙元年于七反據棲霞之鉅齒山軍興之際征求日不暇給是年大疫人死者衆雖親知皆不及弔問三年十一月彗星見二十一日始滅四年春大旱知縣淡大本府城隍廟朝夕泣禱夢神指示移壇[illegible]極廟下三日大雨秋有蝗自南來大本縣[illegible]

南諸村泣祭是日至夜半由故道飛回其年大本捐俸設粥場二處委生員郭諸王退董其事諸班亦有所捐人賴全活撫院周有德疏聞蒙　恩蠲閣省錢糧稱民力亦紓一年

五年人有

六年大雨自六月起至八月止稼傷過半

七年正月初九日日生四珥六月兆余村西井水上湧有聲如雷鄉人焚香號祝乃息十七日亥刻地震聲如雷多坏民屋

八年三月初九日二更地震至初十日五更又震有聲十四日辰時十五日夜半地又震聲如雷

九年旱至六月初一日始雨地多無苗十三日日圍有圍色紅黃南方又見紅黃色如彩練東西橫披至冬大雪柴價昂貴人多凍死

十年秋冬交無雨麥多失種十月初二日夜地震有聲

十一年春旱麥大有

十二年春旱無麥

十九年初秋大水

二十三年大有連年

豐稔是歲爲最穀一斗直錢三四十文一糴
者自遠鄉來因無售主置之路旁而去
二十四年 三月十二日大水十月內連日大
雨十二月二十四日夜半地震二
十六日 三十年 六月 三十六年 饑 四十二年
又震 蝗
多雨大饑麥秫豆一斛皆直銀二
苦澇 四十三年 兩餘粟一斛亦直銀一兩餘
兼以瘟疫盛行死者無算 欽差滿官常
雅薩三大人以漕糧賑數月有碑勒福聖寺
內 大 饑 三 月
四十五年有 四十九年 五十一年十 八
日地 十二月初一日夜
震 五十三年 大雷雨河水俱漲 五十四年
三月十八日子 夏旱 旱
時紅光滿處 五十五年 秋澇 五十六年
大 夏旱秋大水泛濫至
五十七年旱 五十八年 歲下男女奔竄[illegible]

者甚衆大姑下流至宮家島前西徙突開新流入海壞民田十餘頃去河故道二里許而舊河遂湮次年官煮飯濟饑

雍正二年五月十三日雨雹大如雞卵 五年大雪積深可數尺 七年十二月二十八日夜紅光滿處 十年饑四月朔後日色慘淡若沙蒙霧罩者然十七日色赤如血中有二黑子上下動搖如有線繫提放之者未申間日中黑點一道日色血赤更甚罰盆水照日旁有影圓如日而色赤者約二十餘摩盪久之如此數日

乾隆元年十一月二十四日大雪亥刻地震有聲如雷二十六日二十七日又震

五年三月十五日大雪數寸寒如隆冬重陽後大雪盈尺又數日仍大雪盈尺寒甚

六年二月彗長丈餘起西方 七年十月彗又見 十年有年 十一

年夏大雨水衝没秋初又大雨十二年米價踊貴銀一兩抵錢不足七百文至五月盡無雨六月初霪淋匝月秋杪烈風拔木禾稼盡仆十三年春疫氣盛行死亡踵接六月苦澇飛蝗蔽日秋初蝗又至本年蝻擾十六年夏秋霖雨不止先是蝗虫災又告凶歲太尊張勤望親臨勸捐約千餘金在城隍廟散給貧民十七年賑至三月止十八年稍豐十九年一旱一水收歉二十一年秋澇二十五年秋收二十六年秋收冬奇寒樹多凍死至明春寒未減二十七年春柴價騰貴父老所未經聞五月至七月初屢次大雨秋澇

王陵基修　于宗潼纂

【民國】福山縣志稿

民國二十年（1931）鉛印本

災祥志第八

災祥

元

天歷元年大有年

明

永樂六年正月二十三日地屢震有聲如雷至十二月晦方止大震五十一次小震無算七年正月復震至三月十四日止

建文元年至三年蝗

正統元年夏蝗六年秋蝗十年二月十三日地大震

天順四年夏旱

成化十二年大有年十三年先旱後澇傷禾
宏治五年大旱先是哨村民婦產龍天順間禱雨有應土人爲之
立祠十四年雨雹殺禾
正德二年饑四年大饑人相食八年夏飛蝗蔽日
嘉靖七年大饑死者載道十二年至十四年蝗禾稼食盡二十七
年旱八月十二日地大震十一月大雪平地三尺餘三十四年
十二月二十九日卯初日生四珥俱赤色光芒奪目三十五年
六月二十九日南方一星見倐吐光焰丈餘夜分羣星三十餘
南奔光芒異常三十六年無麥三十七年大饑糴於遠三十九
年大旱

隆慶二年大饑夏不雨

萬歷十三年大饑二十二年五月雨雹傷禾大饑二十五年冬十一月地震有聲時礦使東來人以爲有所致然二十六年正月初七八日地震二月二十九日復震二十七年三月三日地震十一日又震二十八年麥穗雙岐三十年冬十二月三十一年秋八月三十二年冬十二月三十三年秋七月俱地震三十七年二月地震如雷五月民婦盧光恩妻一產三男七月地復震三十八年大旱四十一年夏大旱七月七日異風暴作大雨如注經三晝夜廬舍傾圮老樹皆拔禾稼一空四十二年春饑四十三年大旱自三月至九月不雨千里如焚蝗蝻徧野人噉樹

皮四十四年春大饑人相食餓莩載路市賣子女四十七年夏

旱八月蝗

天啓三年四年秋大水五年大有年七年大水

崇禎元年四年秋大水五年夏大疫十一年春不雨夏蝗飛蔽天

食穀殆盡秋螽蝝徧野蝗復大起無禾十二年大有年十三年

自春徂秋無雨殺稼殆盡人相食

國朝

康熙元年正月太白經天白虹貫日四年大疫民死甚衆二年正

月天鼓鳴三年十一月慧星見二十日始滅四年三月初旬長

庚耆見大旱無麥秋有蝗大饑五年大有年六年六月大雨至

八月始止稼傷過半七年正月九日日生四珥六月兜余村西井水上湧有聲如雷十七日亥刻地震有聲如雷房屋多壞八年三月九日十日夜俱地震十四十五日震聲如雷九年旱地無苗六月十三日日闇有圈色紅黃如彩練冬大雪平地丈餘人多凍死十年秋冬無雨十月二日地震有聲十一年春旱地震夏麥大稔十二年春無麥十七年西南一星上帶白氣長丈餘形如帚沖入北斗月餘而歿十八年正月日生八環十九年大水二十一年八月初一日慧星晝見十一日始滅二十三年連年大有是年爲最斗米三四十文二十四年三月十二日大水十月大雨數日十二月二十四日地震有聲越二日復然三

煙台福裕東書局藏板

十年夏六月蝗三十六年饑四十二年多雨苦澇四十三年大饑兼以瘟疫盛行死者無算四十五年大有年四十九年饑五十一年三月十八日地震五十二年三月十八日子時紅光滿處五十三年十二月朔大雷雨河水暴漲五十四年三月十八日子時復見紅光滿處五十五年夏旱秋澇五十六年旱五十七年大旱五十八年夏旱秋大水泛濫至城下男女駭奔死者甚衆大姑河下流至宮家島西徙突開新流入海壞民田十餘頃去河故道二里許而舊河遂湮

雍正二年五月雨雹大如鷄卵三年二月日月合璧五星聯珠五年冬大雪深數尺七年十二月二十八日夜紅光滿處十年四

月朔後日色慘淡十七日色赤如血中有二黑子上下動搖如有線提放之者未申日中黑暈一道日色血赤更甚置盆水照日旁有影圓如日而色赤者約二十餘磨盪者久之如此數日

是年饑

乾隆元年十一月二十四日大雪是日及二十六二十七日俱地震五年三月大雪重陽後大雪盈尺又數日仍大雪寒甚六年慧星見西方長丈餘七年十月又見十年大有年十一年夏秋大雨傷稼十二年五月旱六月大雨七月十五日烈風拔木雨後大作禾稼盡傷十三年春大疫死亡相繼六月苦澇飛蝗蔽日十六年夏秋霪雨不止十八年大有年十九年先旱後雨歉

煙台福裕東書局藏板

收二十一年秋澇二十五年秋收二十六年秋稔冬大寒樹多凍死二十七年夏秋大雨苦澇六十年夏雨淋漓大水八月初旬大姑清洋兩河水漲居人奔避數日

嘉慶元年大有年十四年十月夜有光起西北漸東南下沈其聲隆隆如雷者三十五年秋歉收十六年三月慧星見起西北漸南徘徊牛斗間秋冬過天漢是年秋大水十七年春大旱洊饑瘟疫盛行死者無算民多棄葬貧者賣田宅鬻子女不得以至摘葉擷蔬權充枵腹斗米白銀貳兩

道光元年四月朔日月合璧五星聯珠六月至八月大疫死者無算三年夏六月至七月不雨知縣章寅夜夢神人指示禱於烈

婦陳田氏墓雨沛降九年大水十六年旱大饑十七年大旱二十一年正月大雪深數尺人畜凍死無算二十三年大水房屋傾倒甚多秋稼盡沒二十四年豐收二十六年大雪平地深四五尺二十八年四月一日至十三日日中有黑子二十八日巳刻地動夏秋大旱二十九年閏四月二十日麥盡靡六月禾生蟲七月一日始雨三十年六月十四日大雨雷震東門樓壞數柱

咸豐元年七月九日夜有大星自北而南移時不見六年二月十日大風揚塵日無光八年蝗飛蔽日月十餘日禾稼遭之立盡七月五日日月無光者三晝夜八月有星孛於北斗漸移而南

至天市垣長六七丈芒焰異常九年蝗十年慧星見西北長二尺餘又見東南長四五尺數日始滅十一年捻匪竄擾傷稼八月朔日月合璧五星聯珠

同治元年大雨連縣河水泛張淹禾稼七月大疫死者無算半月始止十六日初昏衆星交隕多趨西南縱横如織夜分始息五年秋太白經天六年四月二十一日慧星見西南高約六七丈夏五月髮匪擾境傷稼七年疫十年夏六月亢旱十三年慧星見西方

光緒二年春夏旱久不雨米價昂貴三年春洊饑五年正月朔大風雪五月大雨四十餘日六年三月十四日大雨河張夏麥大

祲

宣統三年正月朔夜雨如注河水暴漲鼠疫大作死者甚多五月間未申時刻日無光芒狀如鐵色如血赤

烟台福裕東書局藏板

（清）衛萇纂修　（清）黃麗中修　（清）于如川纂

【乾隆】棲霞縣志

【光緒】棲霞縣續志

清光緒五年（1879）刻本

棲霞縣續志卷八

棲霞縣知縣黄麗中纂輯

祥異志

和氣致祥上蒼垂象人事天心其應如響兵燹災祲縣如指掌開卷可稽察來彰往續祥異第七

祥異

乾隆五十一年歲大饑免賦

五十四年六月初八日夜大雨白洋河水吼鳴有聲西崖闕

帝廟沖壞

五十六年濱都宮鐵樹死

六十年大旱夏無麥秋無禾

嘉慶元年秋大有年

九年春旱蝗生厚不見地知縣彭述躬率民捕埋秋歲大熟

十六年春大祲仰粟關東關東遏糴船不得通夏霪雨四十餘日大風四日夜禾稼盡傷歲大饑餓殍枕藉九月彗星見西北經兩月始滅

十七年春大饑人相食瘟疫流行里巷蕭然

詔蠲免田賦

十八年秋大有年

二十一年四月雨雹傷麥

二十三年十二月二十八日大雨水深數尺

道光元年秋霍亂傳染人多病死

十三年白氣竟天秋大水

十四年夏雨逾月大霪一晝夜潑破屋不盡偃歲大歉

十五年夏彗星見於西北秋雨連綿大風傷稼死亡相繼錢糧緩征

十九年春霪雨夏無麥麥高數尺而粒皆空童謠云麥有麥

神人不見一月不晴麥走麵邑令闔四鄉勸賑民得稍蘇

二十一年正月二十六日大風雪平地數尺人畜凍死

二十三年三月初八日夜半地震

二十四年夏白氣經天

三十年正月朔日食初三日天鼓鳴秋大有年穀價每斗制錢二百餘文

咸豐元年六月初五日彗星見西北方月餘始滅

三年二月初十日天雨黃土三月初七日地震

五年十二月初一日地震

六年二月初九日雨糠初十日黄霧四塞五月彗星見虎危間光芒甚長射北斗入紫微垣

七年夏蝻不爲災秋大有年穀多雙歧

八年七月初五起日月無光者三日八月有星孛於北斗漸移而南至天市垣二十餘日乃滅

九年秋大有年五月十五日鐵口社豕生妖豚有無毛而象鼻者有猪身而獅子頭者有五爪而類虎者共十餘頭三四爲豚餘各殊形

十一年五月二十五日地震有聲五月二十四日彗星出西

北方光芒異常七月十四日衆星紛紜流於西南自初昏起
夜分始息是秋南捻竄入棲境
同治元年五星聯珠
二年正月初二日大雷雨
四年秋大有年
五年秋太白經天七月二十三日南七里橋北大道東地響
如火鞭凡四日
六年二月天雨草子如蕎麥是歲六月捻匪入境秋稼失時
賊過布種惟蕎麥豐收

九年四月十七日雨雹大如胡桃

十年大有年

十一年大有年

十二年大有年

十三年六月有星孛於文昌夏雌鷄化雄

光緒元年秋旱牛疫大作日食過甚

三年學宮外泮蓮開並蒂

四年大有年

五年元旦大風狂吼四面折旋雪被風篩無孔不入墻壁樹

杖雪片黏滿漫天縞白令人生畏

災異拾遺

乾隆己酉六月八日雨甚遂大水漂田畝禾稼無算瀕河居民廬舍一空陳家村有關帝廟水將及門忽聞有鐙自廟中出水旋退此村田廬獨無恙

道光改元前一年冬大雪自十一月二十五日起瀰漫浹旬飛灑不斷山谷皆滿行旅稀絕甚有誤墜致斃者

嘉慶六年五月邱家村王克信之嫂某氏爲人狂易夙善巫祝年四十許有子一人忽化形爲男子

乾隆年間河北村農人荷鋤于田壟見一物長尺許狀類守宮背生鱗甲初日映照光彩瑩然行水上往來甚捷農人大駭伏草間伺其傍岸舉鋤揮之應手而斃邑令王公栴命舁至縣觀者甚衆皆莫識或曰蟂也蛇與雉交遺卵於地所生其物猛能齧人幸爲田夫所斃案廣韻云蟂水蟲似蛇四足能害人即此是也

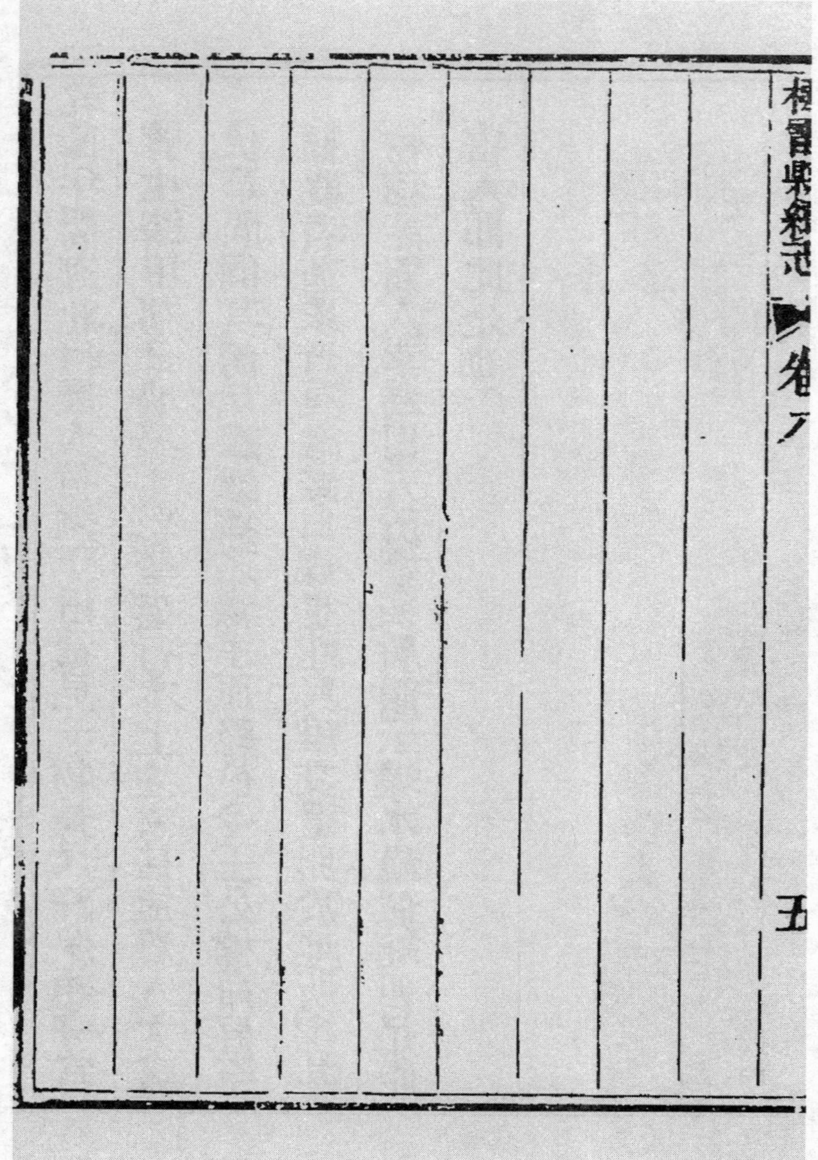

【順治】招遠縣志

（清）張作礪修　（清）張鳳羽纂

清道光二十六年（1846）刻本

災祥

漢

元初二年十一月己亥客星見在虛危南至胃

熹平六年冬十月東萊大雷

中平四年十二月晦東萊雨水大雷電雹

晉

咸康五年四月辛未月犯歲星在胃

永和八年十二月太白犯熒惑於胃

太元十一年六月甲午歲星晝見在胃

二十一年三月太白晝見於胃

南宋

大明元年秋七月丁丑白麞見東萊曲成獲以獻

後魏

熙平元年正月光州上言曲城縣木連理

元

至正二十三年七月野蚄生

二十七年三月丁丑朔大社里黑風大起有大鳥自南飛至其色蒼白展翅如席狀類鶴俄頃飛去

還下粟黍稻麥黃黑豆蕎麥於張家屋上約數升
許是年大稔

明

嘉靖七年登州合屬饑人民餓死充塞道路

二十七年登屬地大震

三十四年十二月二十九日卯刻日生四耳俱紅
赤色在北者光芒奪日

萬歷七年六月晦大雨東關大河暴溢居民驚起
髣髴見一物狀如牛橫卧中流水逼而西千家盡

掃

二十四年大風捲海水南溢渰禾豆

四十四年春山東大饑時闔省荒至人相食而登州尤甚朝廷發銀十六萬兩漕米十二萬石遣御史過庭訓賑之登州賑銀一萬兩漕米四千九百餘石

四十六年秋蚩尤旗見東方每夜白氣亘天東西約三丈餘經月不散有彗星長丈餘見於東北光射中央

天啟元年四月十九日訛言賊兵自東來民皆奔走相蹂踐竟夜不息詰旦寂然不知所以自文登至昌邑八百里訛言時日皆同

七年六月先師廟棣生紫芝一本三岐

崇禎三年六月大雨先師廟殿角有蟄龍出天矯飛去

七年春有鳥自海島來翅搖如煞煞聲形如鴿唯食沙因名沙鷄人以爲兵象

十三年牛有災死者殆盡

十四年大饑

國朝

順治十年夏六月張鳳羽家寢室棟生紫芝

十一年冬大雪平地深數尺人有不火食者

十三年有年

十四年有年

康熙十二年春大旱無麥

十六年秋邑侯徐公內衙東南隅生瑞芝三本徐

公自序其載藝文

論曰天道遠人道邇昔人言之矣又曰天定勝人人定亦能勝天然則何爲乎志災祥志災祥凡以示有土者遇災而懼也間嘗攷之蓋或有其徵而無其應矣有其徵而無其應何爲乎書凡以示有土者遇災而懼也然則郡國志所錄有何爲乎有不書其不書必其不繫乎邑者也其不繫乎邑者何邑在漢爲東萊曲成地東萊虛危分野歷攷前代漢景帝七年日食在虛九度晉惠帝永寧二年熒惑太白闘於虛危東魏孝靜帝武定八年歲鎮

太白在虛熒惑又從而入之諸如此類未易枚舉
志乘略之不書也何爲乎不書此災祥之繫以全
齊者非一郡一邑專也非一郡一邑專其不書也
固宜又按邑分野入胃十度唐穆宗長慶元年日
食在胃一度宋眞宗景德二年有星出胃南聲如
雷光燭地三年有星出胃北入天囷迸爲數星光
燭地諸如此類未易枚舉志乘略之不書也何爲
乎不書自唐歷五代以至有宋省曲成爲掩之羅
[illegible]與其不已也久矣不已則凡有災祥皆掩事不

得以鎮言也不得以鎮言其不書也又宜又萊陽志金太宗天會六年登州大水十一年大旱免其租諸如此類未易枚舉志槩畧之不書也何爲乎不書邑自金屬山東東路萊州元屬山東東西道般陽路總管府萊州明洪武九年始陞登州爲府割萊之招遠萊陽屬焉則九年以前登災祥無預於招也無預於招其不書也亦宜他若肥蟣之窩災冰雹之告儆欃槍變曜於五星魚龍廻波於四野紫芝之連理爲瑞無幾而災傷種種臚而書之凡

以示有土者遇災而懼也若夫太戊之柿桑穀宋景之退熒惑導一莖六穗於庖犧雙觡共觝之獻而光耀龍變史不勝書則又在惟德動天者有開必先矣

【道光】招遠縣續志

（清）陳國器、邊象曾修　（清）李蔭、路藻纂

清道光二十六年（1846）刻本

招遠縣續志卷之一

災祥

洪範演疇而後世儒競言徵應自董仲舒劉向父子所著已多牴牾五行之説果可盡信乎亦曰常則順之變則承之以戒懼修省已耳招邑彈丸郎陰陽偶有乖舛亦所關非鉅然大之在天下與小之在一邑其爲遇災而懼之義則一也續志災祥

康熙四十二年自五月至八月不雨大饑

四十五年大有

五十七年七月初五日大雷雨以風溪流橫溢大木俱拔

五十九年七月十四日酉時有流星光如電天鼓鳴

六十年大旱

六十一年大旱無麥

雍正四年大有

九年春饑

乾隆九年秋彗星見於西南三月始沒

四十年秋有蝗

四十五年呂家村北呂氏塋域內木生連理

四十七年八月大雨經旬禾生芽

五十年秋大水傷禾

五十一年春饑

六十年饑

嘉慶元年大有

七年秋有蝗

十六年秋大雨傷禾

十七年春大饑道殣相望

十九年蟲傷稼

道光元年秋瘟疫盛行人多暴死者

五年秋無菽

十三年春四月十八日羅山石崩一角聲聞數十里

邑侯江公卽於是日卒

十五年秋七月初四日大雷雹以風禾盡南偃烈風北回禾根盡拔大木斯拔蔵大饑　後夼村臺子村俱蓮開並蒂

十六年春流離載道餓殍相望

十八年春旱無麥秋無菽

十九年夏四月初二日大雨既望乃霽二麥如雲旋生糜蟲秀而不實農大失望秋大雨傷禾磨山社十八村大雨雹邑侯上文減收征銀一半

二十一年春正月二十六日大雨雪以風人多凍死

二十二年秋七月有蟲傷稼

二十三年春有白氣見於西南長數丈數月方滅

二十四年夏霪雨

【康熙】萊陽縣志

(清)萬邦維修　(清)衛元爵、張重潤纂

清康熙十七年(1678)刻本

[illegible]太[illegible]無[illegible][illegible]不得[illegible]一品一案不[illegible]
晉書[illegible][illegible]遜[illegible]亦不書

義熙元四年東萊秬縣野蠶繭收萬餘石民爲絲絮

晉 太康六年長廣不其等四縣隕霜傷桑麻 六年九月木連理生東萊盧鄉

宋 元嘉六年九月長廣昌陽淳于遜獲白兔青州刺史蕭思話以獻

唐 會昌元年秋雨雹昌陽文登尤甚破瓦害稼

金 天會六年登州等處大水十一年水旱免其租

明昌二年秋旱大饑

元

大德六年六月萊陽等縣饑賑穀粟萬六千石

至正二十三年萊陽等處蝗蝻生

明

永樂六年地震聲如雷　七年復震

成化十三年先旱後潦傷禾　十四年三月二十

七日黃風大作六月十三日大雨河水驟溢　十

九年十月二十日空中如鼓聲墜大星隕西北

弘治五年大旱

正德三年饑　四年大饑人相食　八年飛蝗蔽

日　十一年秋大水

靖七年大饑死者枕路　十一二十三十四年

災禾稼殆盡　二十七年登屬邑地大震城崩屋

坍塌者甚多　三十四年十二月二十九日卯初

見日生四耳俱紅色在北者光芒奪目　三十五

年六月二十日夜南方一星忽光吐丈餘羣星有

三十餘南奔　三十六年無麥　三十七年大饑

四十年大饑

隆慶二年三年春俱大饑

萬曆七年六月晦夜大雨平地水溢廬舍盡圮

二十二年饑　二十五年冬地震有聲　二十六七年春又震　四十一年七月七日大風拔木　四十三年大旱饑　四十四年春大饑人相食賑銀粟　四十六年秋蚩尤旗見長亘東方

天啓元年四月十九日訛傳賊至婦女奔走竟夜至詰旦寂然不知所以自文登至昌邑八百里時日皆同人謂之曰鬼兵

崇禎七年春沙雞見來自海島鼓翼作殺殺聲五月地震　十一十二十三連年蝗旱秋大饑

四年疫人死甚衆　十五年二月大風拔木壞廬

七月地震有聲　十一月曲半行妻一產四男

十六年二月鸛鳥翔空飛蔽天日

國朝

順治元年春牛生犢一體二首　秋七月興國

前井出白氣　三年冬有婦生男一身二首四手

一尾　四年縣南淺水井地裂深數丈無際　六

年夏牛大疫　七年秋七月大雨水深丈餘

八年春饑　十四年春鵲巢于地　十五年冬縣

東南諸村每夜見白衣漢持石擊人出與敵輒不

見五月乃息　十七年秋七月縣東南西莊見黑龍二大風隨之火光數道傷禾壞廬拔彭家莊生員李葆久園古柳下成潭　九月有沙雞自南北飛　十八年夏蟇鳴樹上　四月內見數日並鬭歷十五日乃滅　十二月廿九日雷

康熙元年春徐惟平妻生男四目四手四足夏四月大疫人死甚衆冬十二月十六日縣廳西壁崩壓死三人一乃犯贓擬死吏遇赦免者　二十七日無雲而雷

二年春正月初二日流星火如月光燭地自南而北　初九日無雲而雷　二十三日戌有聲如海嘯自西南起至子時方息　十一月沙雞至

三年三月羊圈口潮上大魚長六丈餘聲如雷旋死土人割肉千餘擔其骨可爲屋梁　夏五月旱至秋七月乃雨　八月西南鄉蟊蝣生食草殆盡

十七日地震　冬十月彗見至臘月初八始滅

四年春彗復見　冬十一月朔無雲而雷

六年季春朔日大雪　蝗生數日皆自死

旱無麥

七年六月十七地大震房舍多圮遊仙宮碑咸福贈坊皆碎

八年春三月十二日雪　十年三月十一大雪

十一年秋七月飛蝗不甚害稼旋投海死

三十年秋七月飛蝗遍天不甚害稼後自死

三十二年春三月饑四月十四日步山賢古堯花

三鄉冰雹害稼二麥皆無知縣趙光榮賑之

三十六年大饑知縣趙光榮施粥在城及各鄉皆設廠人賴全活甚衆

梁秉錕修　王丕煦纂

【民國】萊陽縣志

民國二十四年(1935)鉛印本

大事記

周

靈王五年（魯襄公六年）齊滅萊遷萊于郳

烈王七年（齊威王三年）齊封其卽墨大夫萬家

赧王三十一年（齊湣王四十年）燕上將軍樂毅破齊田單以其宗奔卽墨

三十五年（齊襄王元年）樂毅圍卽墨卽墨人立田單爲將軍以拒燕

三十六年（齊襄王二年）燕騎刼代毅發民墓田單擊殺之遂復齊

秦

始皇二十六年將軍王賁滅齊夷爲齊郡

楚

義帝三年西楚霸王項羽徙齊王田市爲膠東王都卽墨

夏六月齊相田榮殺市自立爲王

漢

高帝四年相國韓信破齊齊將軍田既軍膠東信遣將軍曹參擊殺之立膠東郡

六年以膠東等六郡立子肥爲齊王

呂后七年立營陵侯劉澤爲琅邪王長廣屬之

文帝十六年置膠東國分封齊王肥子白石侯雄渠都即墨挺觀陽鄒盧屬之

景帝二年雄渠以兵應吳楚伏誅國除爲郡

四年立皇子徹爲膠東王

七年立膠東王徹爲太子國復爲郡

中二年立皇子寄爲膠東王

武帝元狩四年置鹽官長廣縣禁私煑鹽

宣帝本始元年五月鳳凰集東萊大赦詔勿收天下田租

四年山陽太守張敞上書自請治渤海膠東盜詔拜敞膠東王相

敞至明設購賞開羣盜令相斬捕除罪膠東盜平

元帝永光四年東萊郡山野蠶繭收萬餘石民以爲絲絮

新莽始建國元年降膠東王殷爲扶崇公殷弟徐鄉侯快起兵討

莽不克走死長廣　改昌陽曰夙敬亭鄒盧曰始斯

更始元年漢兵誅莽復昌陽鄒盧舊稱

東漢

光武建武二年僞梁王劉永大將軍張步（不其人）徇膠東步據膠東

東萊等十三郡叛永自稱齊王

五年建威大將軍耿弇擊張步降之

十三年封賈復爲膠東侯食挺胡觀陽等六邑省郯盧入挺以長

廣益東萊

明帝永平二年以東萊之昌陽益琅邪國

章帝建初元年膠東侯賈毓以罪國除挺觀陽入北海國

安帝永初二年州郡大饑人相食詔廩東萊貧民

三年海賊張伯路寇略沿海九郡

五年青州刺史法雄討張伯路斬之海隅平

延光元年以光祿勳東萊劉熹爲司徒

靈帝熹平二年東萊北海水溢漂沒人物

六年十月東萊大雷

中平四年十二月晦東萊雨水大雷電雹

獻帝建安五年置長廣郡領長廣等六縣　太守何夔討平管承王營諸賊

晉

武帝咸寧三年置長廣郡治不其領長廣挺等縣（魏末廢長廣郡至是復置）

太康六年長廣等縣隕霜傷桑麻

惠帝元康八年分長廣縣復置昌陽（晉初省昌陽至是復置）

光熙元年東萊𢧐令劉伯根反敗死其長史王彌亡長廣山中既復大振長廣太守宋羆東萊太守龐伉麴羨先後死之

懷帝永嘉　年王彌長史曹嶷（東牟人）據青州專制東方

明帝太寧元年後趙將石虎攻曹嶷克之長廣太守呂披降

安帝隆安四年南燕慕容德據廣固置荆州於東萊郡

義熙元年慕容超改荆州爲青州

六年劉裕滅南燕置北青州

劉宋

明帝泰始四年（魏皇興二年）青州陷於魏置東青州不其東萊長廣等郡屬之旋亦入魏

北魏

獻文帝皇興四年分青州置光州徙長廣郡治膠東城移長廣縣治長清山陽

宣武帝景明四年七月東萊東牟等處虸蚄害稼

東魏

孝靜帝興和　年復置觀陽縣於長廣故城觀陽縣後廢至是復置

北齊

文宣帝天保七年移長廣郡治中郎城省東牟郡入之徙長廣縣治膠東城省即墨盧鄉入之又省挺入昌陽

北周

武帝建德六年平齊省觀陽縣

隋

文帝開皇三年廢長廣東萊郡時諸郡皆廢各縣直隸於州

五年改光州爲萊州

十六年復置盧鄉縣於鄒盧故城析萊州置牟州復置觀陽屬之

煬帝大業三年改萊州爲東萊郡並廢牟州入之

年修築昌陽城垣

八年東萊疫人多死

年綦公順據青萊

唐

高祖武德四年討綦公順平之改東萊郡爲萊州昌陽盧鄉屬之

析萊州置登州治文登觀陽屬之

六年以觀陽屬萊州

太宗貞觀元年夏山東大旱令所在賑恤勿出今年租賦

是年併省州縣廢牟登二州入萊州省盧鄉觀陽入昌陽

二年旱飛蝗蔽日食禾稼草木盡

高宗永徽元年昌陽城圮於水徙今治

武后如意元年析萊州置登州治牟平

玄宗天寶元年改萊州爲東萊郡

肅宗至德二載置北海節度使領青密登萊四州（時又改郡爲州）

代宗永泰元年平盧（原鎭營州上元二年侯希逸南保青州）將李正己逐節度使侯希逸據淄青齊海登萊沂密德棣十州

憲宗元和十四年誅李師道復置平盧節度使領青淄齊登萊五州

武宗會昌元年秋登萊雨雹昌陽文登尤甚破瓦害稼

年建文廟縣治西南隅

僖宗中和二年王敬武據平盧

昭宗天祐二年朱溫并平盧

後唐

莊宗同光　年改昌陽為萊陽

宋

太祖建隆三年詔諸道州府罷民驛以軍卒代之

太宗端拱二年登萊旱大饑詔貸粟人五斗

仁宗明道二年冬禁登州民採金先是登州產金皇祐間大發民多廢農桑採掘至是禁之

景祐元年春登萊大旱饑詔弛金禁

慶曆六年京東兩河地震登萊尤甚

神宗熙寧七年以萊州隸京東東路（時分京東為二路）

高宗建炎二年（金天會六年）金人取京東東路州郡

金

太宗天會六年登萊各處大水

八年立劉豫爲齊帝置棲霞縣析萊陽東北部屬之

十一年大水復旱免田租

十五年廢僞齊改京東東路爲山東東路登萊屬之

世宗大定十六年旱蝗

章宗明昌二年秋旱歲大饑

衞紹王大安三年益都賊楊安兒奔萊陽

宣宗貞祐元年蒙古軍破山東各州縣人民殺戮幾盡大掠而去

二年山東東路統軍安撫使布薩安貞討楊安兒安兒敗死

興定元年蒙古穆呼哩舊作木華黎破登萊等州

三年張林以登萊等十二州歸宋

五年宋統制張瀇林兄軍駐即墨萊陽

哀宗正大三年宋京東路總管李全降蒙古授山東淮南行省得專制山東

七年蒙古立益都路課稅所撥州縣竈戶隸之

元

世祖中統三年李璮全子以山東郡縣歸宋哈必齊舊作哈必赤擒殺之

邑人姜彧請勿縱兵殺人

至元二年改臨淄路爲淄萊路登萊隸之

四年教諭王擇善創建儒學於古柳亭故址

十七年發益都淄萊寧海兵萬人開膠萊河

十八年免開河夫今年租賦仍給傭直

二十四年改淄萊路爲般陽路　淫雨傷稼

成宗大德三年縣尹王革重修文廟儒學

六年寧海萊陽等州縣饑賑粟一萬六千石

武宗至大二年饑

三年洊饑

仁宗延祐七年蝗蝻食苗縣尹韓夢昌禱東平王廟蝗蝻盡死歲大有

順帝至正四年山東諸路地震有聲如雷

十七年毛貴陷膠萊諸州復遣其黨攻萊陽達魯花赤釋嘉納死

之

十九年邑人趙均用殺毛貴於濟南

二十一年河南行省察罕特穆爾復山東分兵循瀕海郡邑平之

二十三年春三月立膠東行中書省及行樞密院於萊陽總制東方事以袁宏爲參知政事邑人王務本爲都事

秋七月萊陽招遠寧海等處虸蚄生

二十七年冬吳大將軍徐達拔益都十二月甲子參政傅友德徇下萊陽

明

太祖洪武元年山東旱免夏秋二租　知縣賈則智增修文廟

二年詔天下州縣立學　山東旱饑詔免今年租稅

三年始設科取士各省連舉三年　復蠲山東租稅

五年夏四月萊州饑詔賑山東饑民免田租

六年夏六月倭寇掠沿海萊陽即墨居民多被害詔近海諸衛分兵討之

七年夏六月倭寇瀕海州縣遣萊州同知趙秩往諭之

九年五月升登州爲府七月以萊陽屬之

十五年夏四月蠲山東租稅

十七年遣信國公湯和築沿海衛城

十八年山東旱免租稅

二十年十二月賑登萊饑

二十四年山東蝗大饑免竈課田租

二十八年免山東秋糧

三十一年夏五月置大嵩衞指揮使鄧青建衞城復築縣城

惠帝建文元年登州各縣蝗

三年登州各縣復蝗

四年秋七月詔山東被兵州縣免徭役三年未被兵者亦免半租

成祖永樂六年春正月二十三日登州各縣地震有聲如雷至冬

十二月晦止大震五十一小震無算

七年春正月二十日地震至三月十四日止

八年登州各縣自春正月至夏六月疫死者六千餘人

十八年登萊大饑

仁宗洪熙元年山東饑免夏稅及秋稅之半

宣宗宣德十年詔天下衛所立學

英宗正統元年夏蝗

五年知縣郭敏修縣城

六年夏四月濟南東昌青萊兗登諸府蝗冬十一月免被災稅糧

七年夏四月山東旱蝗復免被災稅糧

十年改武學爲儒學設教授　地震

十三年永康侯徐安備倭山東

天順四年夏旱

九年升孔子爲大祀

憲宗成化十三年旱澇爲災

十四年春三月二十三日黃風大作

夏六月十三日大雨河水縣溢

十七年大饑人相食

十九年冬十月二十日空中有聲如鼓大星隕西北

年置大山千戶所屬大嵩衛

孝宗弘治五年大旱

十二年改登萊分巡道爲巡察海防道駐萊州

十四年雨雹殺禾

十六年山東大旱自春正月至夏六月不雨發粟賑饑

武宗正德三年饑

四年洊饑人相食

六年冬十月流賊劉六等破城燬縣署邑人都給事李鐸疏請改

建磚城

八年夏四月隕霜殺稼　六月飛蝗蔽日

十年知縣李獻修縣署

十一年秋大水

十二年秋九月地震

十四年知縣司迪督修磚城

世宗嘉靖二年饑

三年洊饑

七年大饑死者載道

八年旱蝗

九年降孔子爲中祀

十二年蝗

十三年蝗

十四年蝗食禾稼盡

十七年麥菽不登粟斗銀二錢

二十七年秋八月登屬地震城堞房屋崩塌甚多

三十四年知縣牛山木修文廟創建泮東書院

三十六年無麥

三十七年大饑

三十九年夏大旱

四十年大饑

四十一年設海防道於登州

穆宗隆慶二年春三月地震

是年裁登萊青三府驛遞

三年春大饑

神宗萬曆三年清丈田畝

七年夏六月晦大雨平地水深丈餘淹沒廬舍人畜無算

八年冬十一月度民田按溢額增賦

九年行一條鞭法

十年初修縣志成

十四年知縣程子侃築大沽河堤

二十二年登屬大雨雹傷禾大饑

二十五年冬地震有聲

二十六年春地震

二十七年地震

二十八年知縣蔡夢齊釋礦璫搆陷之衆並嚴治璫黨

三十三年知縣蔡夢齊建文昌閣於城東南隅

三十五年山東旱饑蠲田租

三十八年大旱發粟賑之

四十年知縣文翙鳳建尊經閣

四十一年夏大旱

秋七月七日大風拔木

四十三年登屬大旱千里如焚饑疫詔免夏糧秋稅已納者留以充賑

四十四年春大饑人相食詔賑銀粟蠲田租

四十六年秋九月加天下田賦

四十七年夏旱

秋八月蝗

冬十二月加田賦

四十八年春三月加田賦

熹宗天啓元年設登萊巡撫於登州轄沿海屯衛東江諸島

思宗崇禎二年邑人董大成爲亂登鎮總兵張可大遣兵討平之

五年叛將孔有德分兵圍萊陽知縣梁衡擊走之

七年春有鳥自海島來形如鴿搖翅如殺殺聲人以爲兵象

夏五月地震

十年詔天下府州縣學設武生員

十一年春不雨

夏蝗食穀殆盡

秋螽蝝遍野蝗復大起無禾

十二年春饑蝗

十三年夏旱蝗

秋饑

十四年春大饑人相食

十五年春二月大風拔木壞廬舍

秋七月地震有聲

冬閏十一月清兵攻萊陽知縣陳顯際及邑紳宋應亨等擊卻

之

十六年春二月六日清兵陷城知縣陳顯際死之紳民從死者萬計

夏詔免殘破州縣一切常賦二年

十七年清順治元年春三月闖賊李自成陷京師思宗殉社稷

夏五月福王即位留都清睿親王多爾袞入北京李自成西奔

冬十月邑人兵部侍郎左懋第使清被幽於太醫院

是年知縣關捷先潛逃　清裁大嵩衞指揮大山所千戶改設衞守備所千總駐防縣城把總

福王弘光元年清順治二年春清蠲山東荒田逋賦

夏五月留都陷

六月兵部侍郎左懋第不屈死

秋九月清開科取士

清

世祖順治三年加九釐新餉胖襖軍器等銀

四年登萊防撫陳錦疏孫受呰邑人明兵科給事中沈迅闔家死

之

五年蠲山東荒田租賦

七年夏大水

八年春饑詔發各縣倉穀賑貧民以學田租賑貧士

九年裁登萊防撫

十一年裁大嵩衛大山所百總

十二年裁大嵩衛經歷　收併奇山所屬縣境屯銀

十六年收併寧海衛登州衛屬縣境屯銀

十八年秋棲霞于七爲亂大軍雲集萊陽

冬十二月二十九日雷

聖祖康熙元年春三月于七潛逃大軍始退

夏四月疫人死甚衆

二年夏旱疫人死者衆

秋八月蝗蝻生食草殆盡

是年裁登州海防道併萊州道

三年夏五月旱

秋八月地震　蝗蝻生

是年裁儒學訓導　徵當稅

四年夏五月旱至秋七月始雨

八月地震　西南鄉蝗蝻生食草殆盡

冬十一月朔無雲而雷

是年賑山東饑蠲本年租賦

五年裁大嵩衛千總

六年春三月朔大雪

夏旱無麥

七年夏六月地大震遊仙宮碑咸福坊碎

十年春三月大雪

夏六月大水

十一年秋七月蝗不爲災

是年續修縣志

十五年復設訓導

十六年裁行村鹽場併石河場

十七年續修縣志成

十八年冬十二月二十九日雷

是年旱饑

三十年秋七月蝗不爲災

三十三年春饑

夏四月西鄉雨雹無麥知縣趙光榮賑之

三十六年大饑知縣趙光榮施粥城鄉賴以全活甚衆

四十年知縣趙光榮重修文廟

四十二年春大水

夏秋大旱無禾大饑

四十三年洊饑人食榆皮樹葉盡死者大半

四十八年秋雨傷禾饑

五十二年定制丁賦以五十年爲額後爲盛世滋生人丁永不加

賦

五十五年秋七月五日登屬雷雨大作溪流横溢大木俱拔

五十六年秋八月雨雹

五十八年秋七月大雨水溢漂沒房屋禾稼盡傷

是年裁膠萊分司運判

六十年大旱

六十一年春復大旱無麥

世宗雍正元年饑

四年定制丁銀攤入地畝竈丁半攤入竈地民佃地徵收

六年定典當行帖規則

七年復設膠萊分司運判轄石河等五場

八年併鹽票價於地丁賦內

十年秋大稔穀斗三十錢

十一年秋雨傷禾稼歲饑

是年廣學額五名原十五名

十二年併入屬縣境鰲山衛屯銀

十三年裁大嵩衞析行村嵩山林寺三鄉設海陽縣析青山鄉入

寧海州分撥縣衞糧銀

高宗乾隆元年免賦　寵丁銀槪攤入寵地民佃地徵收

三年撥民佃鹽課銀海陽

十年知縣王業苙重修文廟

十三年飛蝗蔽日食禾麥無遺詔免田賦並賑民饑

十七年膠萊運判移駐膠州　知縣郝大倫於文昌閣西建盧鄉

書院

十九年知縣陳鷁重修文廟

三十年春蚜蚄生

秋有年

三十二年移縣丞治姜山

三十五年春免賦

五十六年大雨水

仁宗嘉慶十六年秋大水饑

十七年大饑道殣相望

宣宗道光元年夏秋疫死者無算

十一年裁膠萊分司運判

十六年大旱無禾

十七年春大饑民食草根樹皮採掘殆盡死者無算

二十六年知縣張涵即宋琬故宅改建盧鄉書院

文宗咸豐元年夏六月大雷雨風樹禾盡偃

三年詔各縣團練

五年秋飛蝗蔽日傷禾

十一年秋九月捻匪竄入

穆宗同治元年春大疫

秋七月又大疫死者無算　淫雨連綿淹沒禾稼　飛蝗過境

穀葉盡傷

四年秋七月大雨淹沒禾稼房舍坍塌無算

六年夏六月捻匪復至

七年秋八月捻匪平免山東被擾州縣逋賦

德宗光緒元年秋七月大風傷禾

二年旱大饑

六年夏麥大稔

十四年夏四月雹傷麥

五月地震

是年設酒稅

十五年秋八月疫死者甚衆

十八年夏旱

秋大雨傷禾

十九年春饑

夏五月雹傷麥

二十一年春正月日人内犯威海衛潰兵過縣

二十三年冬十一月德人佔青島潰兵過縣西境

二十四年夏五月大水

秋七月迅雷烈風雹傷禾

是年停武科

二十五年春三月雹積三寸許

夏四月雹尺餘大者如杵傷麥塌屋

秋七月綿蟲起禾稼盡傷　大旱麥不得種

是年設郵政局城內

二十六年春大饑

夏五月拳匪肇亂

秋七月聯軍入京兩宮西巡山東戒嚴

是歲大有年

二十七年秋和議成山東解嚴

二十八年秋七月疫死者甚衆　蟲傷菽

是歲田賦折徵制錢

二十九年省委員杜秉寅蒞縣放荒變賣義學學田

三十年設高等小學堂

三十一年停科舉及歲科試

三十二年設師範傳習所　抽收廟捐

三十三年升孔子爲大祀　荒地升科　設巡警局　抽收油捐

三十四年抽收戲捐城廂舖捐

宣統元年改巡警局爲巡警所　加契稅爲買九典六　省設諮議局縣選議員二人　知縣朱槐之重修文廟

二年夏五月曲士文聚眾攻城常備軍協統葉長盛登萊鎮總兵李安堂擊破之士文潛遁

是年設籌備自治公所

三年春正月朔大雨河水漫溢　劃全縣爲十八區

秋七月舉辦上級自治

八月曲士文復密圖大舉知縣侯蔭培駐軍管帶黃鴻達擊散之　武昌革命軍起

冬十月山東宣布獨立　縣議參兩會成立

是年設電報局　裁把總

中華民國（按民國肇造改用陽曆春秋記事既遵周朔時亦改移因與夏殊胡康侯說非是茲雖依其例）

元年春一月一日改用陽曆（宣統三年十一月十三日）

是月劃平度插花地日莊路南埠二村來屬收併鹽票地丁竈戶稅銀

冬十月選舉衆議員一人省議員一人　改選縣議參兩會加屠宰捐

是年改知縣爲民政長　設勸學所　改契稅爲買六典三

二年春徵畝捐辦學

夏五月始徵印花稅　辦下級自治　加牙行附捐

是年府廢

三年春田賦鹽稅改兩爲元田賦附加四角

三月解散省議會縣上下級議會

秋九月日本對德宣戰山東中立日軍由龍口登岸假道西境

赴即墨　大雨連旬穀生芽河水氾濫

是年政事堂頒祀孔典禮　改民政長爲縣知事　設農會

設縣立乙種農業學校　改築監獄

四年夏五月裁警備隊

冬十二月三十一日袁世凱改明年爲洪憲元年

是年更定鹽稅新制　設菸酒公賣分棧　頒關岳合祀典禮

五年春三月二十三日袁世凱取消洪憲年號

是年夏旱　改勸學所爲視學所　恢復省議會

六年春大饑

七年春一月攤入地丁鹽課豁免

三月復設警備隊

是年夏旱秋疫傷人無算多藁葬者　下忙田賦加徵學款警備隊捐　設縣立師範講習所　選二屆衆議員一人省議員三人　石河塲改金口塲

八年夏五月一日金口設鹽稅徵收局

六月八日鹽務風潮起金口鹽務職員移駐即墨城

秋八月設地方財政管理處

冬十月每鹽百斤加滷耗一千斤貧民灘戶購鹽二十斤內予免稅票

是年春饑夏大旱　秋飛蝗蔽日食禾幾盡　設通俗教育講演所

九年夏蝗蝻生有海鳥來食之盡　設勸業所

十年春一月駐卽墨鹽務職員復移金口

夏五月改警備隊爲警察隊

是年選三屆省議員一人　設縣立中學於書院

十二年春一月加牲畜稅公益捐

秋九月加鹽稅

十三年冬十一月取消鹽斤滷耗及貧戶免票

是年改視學所爲教育局

十四年春學欵改徵銀二角

夏勸業所改實業局

六月一日省公署發行定期有息金庫券九十萬元行使各縣

秋七月一日發行有息金庫券九十二萬元

冬十一月一日發行有息三月金庫劵九十萬元　警察隊改

預備軍抽調烟台改編　派徵大車七十輛

十二月恢復縣議參兩會次年二月停

是年田賦正附稅捐外每銀一兩加徵軍事善後特捐一元二角營房捐一元

十五年春三月省公署發行有息六月金庫劵九十萬元

夏五月鹽每百斤加稅二角

秋八月發行無息七月金庫劵四十萬元

是年田賦正附稅捐外每銀一兩加徵四元二角黃河堵口捐四元四角軍事善後臨時捐一元

是年設貨物稅局　改農業學校爲職業學校

十六年春一月省公署發行債票

二月稅契一紙加徵學款五百文

三月每銀一兩加徵學款一角警察捐八分

夏六月保安總司令張宗昌召集鄉老會議縣舉六人

秋設禁烟局公賣鴉片派種罌粟次年廢

是年春田賦正附稅捐外每銀一兩加徵賑濟特捐一元河工

特捐六角六分汽車路附捐五角五分原續軍事附捐二元

秋每兩復徵討赤捐八元

十七年春二月田賦春秋併徵正附稅捐外每銀一兩加徵軍事特捐

四元汽車路附捐八角七分河工特捐六角六分　土匪劉曰

南據龍門寺　警備隊併警察所

三月辦保衛團購槍三百枝

夏四月二十九日張宗昌離濟南　山東省銀行歇業縣存廢鈔票七千餘元

五月一日國民革命軍入濟南三日日本軍攻濟南發生慘案　國民軍旋設省政府於泰安　張宗昌駐德縣委劉志陸爲膠東司令駐平度　土匪破城刼獄　劉部齊玉衡旅蒞縣

六月劉志陸委左慰農爲膠東游擊隊左副司令王炳森爲縣知事旋炳森自殺復委劉振漢

秋七月左慰農改編警察隊爲警備營未幾慰農讓施中誠中誠稱東海警備司令

八月施中誠部四出焚燒與聯莊會衝突　警備營改公安局

九月軍民開和平會議於姜疃組善後會

冬十月施中誠徵田賦正附稅二十二萬餘元　劉珍年委羅培鑾署縣長　改聯莊會爲民團籌備處

十二月劉珍年調保衛團全部赴烟台　公安局劃分爲民團大隊

是年改縣公署爲縣政府知事爲縣長

十八年春三月顧震殘部竄即墨據金口鎮孫殿英擊散之　張宗昌據龍口派員索銀幣四萬元

夏四月泰安省政府移濟南

五月省委吳尚炳署縣長　施中誠部調省

六月劉珍年部旅長張鑾基率隊涖縣

秋田賦加徵教育附捐四角建設附捐一角

冬十月改財政處爲財務局

十一月劃全縣爲九區廢鄉社

十二月稅契一紙改徵教育附捐二角

是年籌劉部駐縣給養二十萬元改民團爲保衛團實業局爲建設局　設民衆讀書閱報所

十九年春一月設縣法院　改財務局爲財政局　田賦每兩正附稅併徵四元縣附捐共徵一元九角

夏五月四七區大雨雹麥禾盡傷

秋七月劉珍年委馬既濟署縣長省政府加委　省政府移靑島張驂基部移防平度劉珍年復遣其旅長梁立柱率隊蒞

縣

八月廿九日省政府回濟南

九月劉珍年飭馬旣濟下忙田賦解烟台

冬十一月劉珍年修築烟萊汽車路縣派股本一萬五千元

民團大隊改隸魯東民團指揮部駐濰縣

十二月省政府復徵下忙田賦　發軍費償還劵分八年攤還

是年設省立第二鄉村師範縣籌建築費四萬五千元　民衆讀書閱報所通俗講演所併縣立民衆教育館　師範講習所女子小學附設師範班併縣立中學　劉部給養及換防徵發費縣共五十萬元

二十年春一月保衛團改聯莊會　徵營業稅

三月設各區區公所

冬十月縣設電話事務所

是年縣附捐共徵二元　迭加鹽稅　廢城内坊表　廢廟辦學　劉軍餉糈八十萬元並派銷印花　即松園庵故址建子藥庫

二十一年春一月設各區鄉鎮公所

秋九月省政府討劉珍年十八日劉軍附城設防二十日劉部佔各機關

冬十月省軍榮光興旅抵水溝頭　劉軍編民團大隊入伍

十二月六日劉軍撤退七日省委縣長楊酉桂入城視事　組善後委員會　電省府請賑並豁免下忙田賦

是年劉軍給養及軍事供應五十萬元欠商號及各鄉款十九萬元公私損失數百萬元　設度量衡檢定所　建縣法院

秋疫死人甚衆　蟲傷菽

二十二年春一月縣法院改爲福山地方法院萊陽分庭

二月修補城垣　省設長途電話分局

夏四月新編民團隊改隸第五路指揮部（駐黄縣）

六月大風拔木　平度匪竄入七八兩區縣長楊督隊剿平之

冬十二月呈請省政府編修縣志

是年聯莊會併區公所

補記

二十三年春二月奉省令二十一年下忙田賦仍隨本年下忙帶

徵每銀一兩徵銀一元惟附城兵災重者豁免

夏四月編修縣志事務所成立

六月第五科遷子藥庫原址職業補習學校移入

秋七月大水白河潴河氾濫附近禾稼淹沒廬舍傾圮

冬十月區公所聯莊會取消成立鄉農學校二十所年分二期

以兵法部勒農民辦理自衛

二十四年夏六月建設廳修青威汽車路由六區吳家嶺入境東

過三區至小灘村入海陽計長八十餘里佔民地一千五百餘

畝發附路二十里內民夫築之

秋七月一日福山地方法院萊陽分庭改山東萊陽地方法院

八月黃河決省政府移災民就食各縣縣先後已到五千餘人

分發各鄉校供其衣食

九月一日縣黨部奉令結束

冬十月縣志成

【同治】重修寧海州志

（清）舒孔安修　（清）王厚階纂

清同治三年（1864）刻本

祥異

漢

永光四年牟平山野蠶成繭收萬餘石人以爲絲絮

晉

永和八年十二月太白犯熒惑入胃

太元十一年六月歲星晝見在胃

魏

太和十九年二月己未牟平廣卯山陷五處一處有水

唐

會昌元年秋雨雹

宋

淳化元年飢

慶歷六年三月地震嵎峓山摧海底有聲如雷

金

天會十一年水旱詔免租

大定二年蝗害稼民殍殁者衆

元

至元十年飢山東臬司馬紹發粟賑之

元貞二年冬大水

三年正月獲白鹿於聖水以獻

大德元年七月飢以米九千四百餘石賑之

八月大旱

五年五月大水秋風雨害稼詔蠲差稅命山東廉訪司司經吏

張文玹輓錢米賑之

六年飢賑以穀粟一萬六千石

皇慶元年十二月蝗

泰定二年四月飢

天歷三年飢

至順元年飢以粟三千餘石賑之

至正二十三年六月虸蚄生

明

洪武二十二年山東飢命尚書唐鐸賑之

永樂六年地震有聲如雷

宏治十七年大水沁隄決七十餘丈知州李津募工修之

正德十一年蝗

嘉靖二十五年大水九月初二日地震有聲

二十六年春飢撫按以守巡議行委知州李光先發粟及帑金

賑之是年夏旱秋大水

二十七年地大震壞民廬舍無算

三十四年十二月二十九日卯初日生四珥紅赤北珥光芒

目

萬歷三十九年三月二十四日大雨雹

四十三年大旱

四十四年春大飢時全省荒至人相食奉旨發銀十六萬兩漕米十二萬石遣御史過庭訓賑之

四十六年秋蚩尤旗見東方

四十八年八月大雨雹

天啟元年蝗四月十八日訛言賊兵自東來民皆驚走相蹂踐竟夜不息自交登至昌邑時日皆同

崇禎四年大水居民遠徙者衆

十二年蝗

十三年夏旱

十四年大飢斗米直二千錢上發銀六百兩賑之

國朝

順治十三年大有

十六年彗星犯北斗

十六十七十八年值棲霞于逆之變復疫癘詔免三年賦見蠲

康熙元年正月太白經天

三年旱詔免租銀十分之二

四年彗復見夏大旱奉 上諭蠲賦一年

七年正月日生四珥六月十七日地震有聲

十年大水詔免租銀十分之二

十八年正月日生四環六月地震

四十三年大飢詔免三年用租

五十二年詔免山東租

雍正元年飢免租銀十分之一

三年二月日月合璧五星聯珠

七年十二月二十八日二更時分正北慶雲五色燦爛絪紛歷

經三時雲光始收羣稱嘉祥從來未有

十一年澇免租銀十分之二

乾隆元年免租銀十分之三

六年大有

四十三年大飢

五十四年大水沁隄潰七處

嘉慶十年秋蝗

十一年無麥春蝝生不爲菑

十六年彗星見長三丈餘夏旱秋大水飢饉州牧胡[illegible]申請以[illegible]倉穀復捐廉勸捐運遼東糧煮粥賑之自十一月設廠至十七年五月訖

十七年春大飢大疫緩徵秋大熟

二十年彗星見於西

道光元年四月朔日月合璧五星聯珠八月大疫

十五年八月二十六日夜大雪雷雹

十六年海潮溢

十八年八月十八日夜雨雪有雷

二十年二月朔日食

二十二年六月朔日食見旱

二十三年七月十六日暴風雨海溢禾稼減

二十四年八月二十五日夜半地大震移時方定

二十六年六月十三日夜地大震

二十七年七月太白晝見

二十八年夏旱蝗

三十年元旦重霧日食

咸豐二年十一月朔日食

六年七月有蝗大疫

九月朔日食

七年六月蝗不成災

十一年八月朔日月合璧五星聯珠

同治元年七八月大疫

【民國】牟平縣志

宋憲章修　于清泮纂

民國二十五年(1936)石印本

牟平縣志卷十

文獻志四

通紀

漢

高后六年、封齊悼惠王子興居爲東牟侯。史記

按東牟侯並未就國、至文帝二年、升爲濟北王，國除、

後漢

永平二年、以東萊之東牟益琅琊國。後漢書光武十王傳

永初三年、海賊張伯路寇掠沿海九郡。後漢書安帝紀

按張伯路之亂、至永初四年、青州刺史法雄討平之。

初平元年、遼東太守公孫度越海收東萊諸縣。三國志公孫度傳

建安間、東牟人王營聚衆三千、脅昌陽縣（今文登縣）爲亂，長廣太守何夔遣王欽等離散之，旬月皆平。三國志何夔傳

隋

開皇十八年、牟州刺史辛公義開黃銀坑。元和郡縣志

按黃銀坑在縣西南九十里隨山。此爲牟平開金礦之始。

唐

麟德二年、析文登縣地、於東牟故城置牟平縣。太平寰宇記

按東牟縣自晉後久廢，隋時地屬文登，牟平係漢舊縣，故城在今福山縣境，至唐初亦廢，麟德二年、始析文登縣地

濟南山東印刷局承印

，於東牟故城重置牟平縣。

如意元年、置登州治牟平。太平寰宇記

按唐武德四年、置登州治文登，貞觀元年廢，如意元年、復置登州治牟平，至神龍三年、徙蓬萊。

會昌元年秋、雨雹，破瓦害稼。唐書五行志

宋

淳化元年、饑。宋史太宗紀

景祐元年春、登萊大旱、饑。詔弛金禁。宋史仁宗紀

慶曆六年七月、地震，岠嵎山摧，海底有聲如雷。宋史仁宗紀

按岠嵎山現在海陽縣境，宋時屬牟平。

濟南山東印刷局承印

建炎二年、金天會六年，金人取京東東路州郡。續通鑑

金

天會九年、僞齊劉豫天會八年、立為齊帝，建元阜昌，置寧海軍。齊乘

是時山東盜賊起，負海數百里間，獨恃險僻，擾毒無所忌，而往來剽掠者，兩水為之衝，民不得安；於是置寧海軍，並於兩水鎮置福山縣，扼其咽喉，盜始就撫。王炎福山令題名記

十一年正月、登萊山砦統制范温率部兵泛海歸宋。宋史高宗紀

同年、水旱。詔免租。州志

大定二年、蝗害稼，民殍歿者衆。州志

二十二年、升寧海軍為州，領牟平文登二縣。金史地理志

貞祐二年、楊安兒陷寧海，刺史史潑立降。金史宣宗紀

先是大安三年、楊安兒叛於山東，與張汝楫聚黨，攻刼州縣，殺掠官吏，山東大擾。貞祐二年，山東路統軍安撫使僕散安貞、敗之於益都，安兒奔萊陽，萊州刺史徐汝賢以城降，賊勢復振，登州刺史耿格開門納賊，以印付之，安兒遂僭號，置官屬，改元天順，遂陷寧海，寧海刺史史潑立降。西攻濰州、安貞率僕散留家等大破之，耿格史潑立皆降，安兒走死。

同年、寧海郝儀構亂，入崑嵛山，焚燬寺宇殆盡。崑嵛山碑記

同年、蒙古軍破寧海城，刺史烏古論榮祖力戰死之。金史烏古論榮祖傳

興定二年五月、萊州民曲貴據城叛，山東招撫司討平之，命副使

阿魯答等、保寧海等處，安輯其民。金史宣宗紀

三年九月、張林以登萊等十二州歸宋，宋以林爲京東安撫使。續通鑑

按張林於興定五年，又降蒙古，以林行山東東路都元帥，宋討走之。

正大二年、京東州縣，盡陷於蒙古。續綱目

按宋京東東路金已改爲山東東路，是時李全歸宋，京東復爲宋有，故書京東。

四年五月、宋京東總管李全降蒙古，蒙古以全行省事於山東淮南，得專制山東。宋史李全傳

按李全降蒙古後，寇揚州，爲宋所敗，走死。

濟南山東印刷局承印

元

中統三年、李璮以山東郡縣歸宋，宋封璮爲齊郡王。元史李璮傳

按璮李全子，爲蒙古江淮大都督，歸宋後元討殺之。

至元九年、庫庫楚(舊作闊闊出)請以分地寧海登萊三州自爲一路，詔從之，以寧海直隸中書省。元史世祖紀

十年、饑，山東臬司馬紹發粟賑之。州志

十七年夏四月、寧海益都等郡霜。元史世祖紀

元貞二年冬、大水。元史成宗紀

三年正月、獲白鹿於聖水以獻。元史五行志

大德元年七月、饑，賑粟一萬六千石。元史成宗紀

五年五月、大水。元史五行志

六年、饑，賑粟一萬六千石。元史成宗紀

延祐五年、封巴圖爾（舊作八朵兒）為寧海王。元史諸王表

按元史諸王表、寧海王有庫庫楚伊蘇瑪勒（舊作亦思蠻）巴圖爾阿海四人，除巴圖爾外，其他受封年次皆無考。

至治元年冬十二月、蝗。元史英宗紀及五行志

泰定二年四月、饑。元史泰定帝紀

四年夏五月、大雨雹。元史泰定帝紀

天曆三年正月、饑。元史五行志

至順元年、饑，賑粟三千石。元史文宗紀

二年、賑饑。元史文宗紀

後至元五年冬十月、賑饑。元史順帝紀

至正十七年、韓林兒黨毛貴據山東，於登萊沿海，立三百六十屯，相距各三十里，造大車輓運，官民田皆十取其二。明史韓林兒傳

二十三年六月、虸蚄生。元史五行志

明

洪武初年、省牟平縣入寧海州。明史地理志

七年秋七月、倭寇登萊。明史太祖紀

十年、置寧海衛。府志

按寧海衛、元置千戶所，屬萊州衛左千戶所、洪武二年

濟南山東印刷局承印

、調爲備禦所，十年、陞爲衛。

十七年、命信國公湯和巡視海上，築山東等處沿海諸城。明史紀事本末

二十三年、命山東都司周彥、建五總寨於寧海衛。明史兵志

三十一年春二月、倭寇寧海，指揮陶鐸擊敗之。夏五月，置大嵩成山靖海威海四衛。綱目三編 府志

永樂六年、倭寇成山，復襲寧海，營衛寨堡之設愈嚴，始置備倭都司，以節制沿海諸軍。府志

同年、地震，有聲如雷。綱目三編 州志

八年、登州寧海諸州縣，自正月至六月，疫死者六千餘人。明史五行志

正統六年秋、蝗。明史五行志

七年五月至六月、霪雨害稼。明史五行志

弘治十七年、大水，沁隄決七十餘丈，知州李津募工修之。州志

正德七年、流賊攻城，焚東門，知州章諍禦退之。州志

先是流賊劉六劉七齊彥名等寇登萊，衆十餘萬，焚掠甚慘。六年三月、連陷棲霞文登，知州章諍嚴武備以待之。明年、寇直薄城下，焚東門，指揮王瀛、欲棄城走，諍按劍叱之，乃止，遂相與奮勇擊賊，賊始卻。

十一年、蝗。州志

十三年、白蓮教妖賊達磨擻作亂，知州向璽督兵捕平之。州志

嘉靖二十二年、封德懿王祐榕孫載坪爲寧海王。明史諸王表

按載圩於隆慶三年薨。

二十五年、大水。九月初二日、地震有聲。州志

二十六年春、饑，發粟及帑金賑之。夏、旱。秋、大水。州志

二十七年八月、地大震，壞民廬舍無算。明史五行志

萬曆二年、以德落載圩子翊鏷襲封寧海王。明史諸王表

按翊鏷於萬曆四十五年薨。

三十九年三月二十四日、大雨雹。州志

四十三年、大旱，自三月至九月不雨，赤地千里，蝗蝻徧野。明史五行志

四十四年春、大饑，全省凶荒，至人相食，奉旨發銀十六萬兩漕米十二萬石，遣御史過庭訓賑之。明史五行志 州志

濟南山東印刷局承印

四十八年八月、大雨雹。州志

天啓元年、以德藩翊鐸子常洏襲封寧海王。明史諸王表

按常洏於崇禎末國亡殉難。

同年、設登萊巡撫於登州，轄沿海屯衞、兼轄東江諸島。府志

同年、蝗。四月十八日、訛言賊兵自東來，民皆驚走相蹂踐，竟夜不息，自文登至昌邑，時日皆同。州志

崇禎四年、大水。明史五行志

五年四月、登鎮副總兵吳安邦、奉令屯寧海，規取登州。府志

按是時孔有德等據登州，西攻萊州，安邦奉令，率文登兵，間道規取登州，兵薄城下，為耿仲明所敗，走還寧海。

濟南山東印刷局承印

十一年、蝗。綱目三編

十三年夏、旱。明史五行志

十四年、大饑，斗米二千錢，上發銀六百兩賑之。明史五行志

十六年二月十二日、清兵由遼東海道侵入，破寧海，殺戮紳民甚慘，知州汪逢淵同知李士標吏目魏世達死之。州志

清

順治七年、棲霞亂民于七率衆攻寧海，知州劉文淇死之。府志

十三年、大有。州志

十六年、倂寧海衛入州。府志

十八年冬、于七之黨常和尚張振綱等，圍寧海城，知州文映朝棨

濟南山東印刷局承印

退之。府志

先是于七於順治五年、招集亡命，據鋸齒山作亂，寧海曾被攻圍，嗣以登州知府張尚賢權授于七爲棲霞把總，令其擒賊自效。十八年、七復叛，其黨寧海禪教寺常和尚及張振綱等，據崑崙山，四出焚掠，東攻文登，敗而西遁，遂圍寧海城，知州文映朝都司陳（失名）邑紳李挺生畫策設備，悉力守禦，相持三日，聞大兵且至，始解去。府志 州志

康熙元年夏四月、大疫，人死甚衆。府志

三年、旱，詔免租銀十分之二。州志

四年夏、大旱，詔蠲賦一年。州志

通紀

七年六月十七日、地震有聲。州志

十年、大水，詔免租銀十分之二。州志

十八年六月、地震。州志

十九年、設寧福營。府志

四十三年、大饑，詔免三年田租。州志

四十四年、寧海兵譁，旋撫定，福山為之戒嚴。府志

五十二年、詔免本年丁銀，定丁銀以五十年為額，永不加賦。通志

五十六年七月初五日、水淹育犁。(今玉林集)牟海風土拼漫稿

雍正元年、饑，免租銀十分之一。州志

十一年、澇，免租銀十分之二。州志

十三年、裁威海成山靖海大嵩四衛，以威海靖海併文登，以成山置榮成，以大嵩置海陽。(榮成海陽二縣，皆本年新設，)並割乳山一鄉入海陽，收萊陽青山一鄉入縣境。府志 幼海風土辨證稿

乾隆元年、免租銀十分之三。州志

五年五月二十四日、青山城陰兩鄉，雨雹大如盎斗。六月十五日、北海風雹並發。七月初四日、南海大嘯水溢。幼海風土辨證稿

六年、大有。州志

十年正月、海水盡冰，至三月網不得下。幼海風土辨證稿

十一年、大水，牛疫。幼海風土辨證稿

十二年七月十五日、烈風暴雨，拔木偃禾。幼海風土辨證稿

海南山泉印刷局承印

十七年、大水，饑。勃海風土耕鑒稿

三十九年、王倫寇山東，州城戒嚴。州志

四十三年、大饑。州志

五十四年、大水，沁隄潰七處。州志

嘉慶十年秋、蝗。

十一年、無麥。

十六年夏、旱，秋、大水，饑饉。知州胡道垠賑之。

申請平糶倉穀，復捐廉勸捐，運粮遼東，煮粥賑饑，自十

一月設廠，至十七年五月訖。

十七年春、大饑，大疫，緩徵。秋、大熟。

濟南山東印刷局承印

道光元年八月、大疫。

十五年八月二十六日夜、大雪雷電。

十六年、海潮溢。

十八年八月十八日夜、雨雪有雷。

二十三年七月十六日、暴風雨，海溢。

二十四年八月二十五日夜半、地大震，移時方定。

二十六年六月十三日夜、地大震。

二十八年夏、旱，蝗。

咸豐六年七月、有蝗，大疫。

七年六月、蝗，不為災。

濟南山東印刷局承印

十一年九月、捻匪攻城不克，焚掠各鄉，男女被害死者約七千餘人。

先是十一年春、捻匪首李成張閔刑等，聚黨數十萬擾山東；至九月初六日犯境，初七日薄城下，城頭礟發，斃騎賊數名，遂不敢合圍，初八日焚掠關廂，東關鄉團曲緯等，率衆禦之，以寡不敵衆，死傷多人，惟城內籌有守備之具，學正王厚階督同士紳登陴固守，得保無虞，初十日賊始去。此五日間，各鄉被害甚慘，焚掠殺辱，無所不至，窮岩深谷，無處不搜，計男女死者七千餘名，被擄者八千二百餘名，焚燬房屋近三萬間，掠奪牛馬至二萬四，其他粮石衣件等物，多至不可計算；兵

濟南山東印刷局承印

燹之慘，未有甚於此者也。

同治元年七八月、大疫。自嘉慶至此僅見州志

六年、捻匪過境。以下僅述見聞所及

自咸豐辛酉、飽受捻匪之禍，匪退後數載稍安；至本年、捻首任柱賴汶洸張總愚各率衆十餘萬，再犯山東，旋竄入登州，各屬戒嚴。六月十五日、有賊騎探至城下，疑為有備，遂南下焚掠海陽，東撲文榮，沿路經過縣境，鄉民受害頗重。

七年秋、時疫流行，死人無算。

光緒二年春夏、旱，六月十四日、大風雨，拔木偃禾，歲洊饑。

二十年、日本陷威海，乘勢西進，牟平守土文武官員相率逃，居

濟南山東印刷局承印

民還徙一空。

二十一年正月初八日、日人長驅入城，未幾去。

二十二年六月二十三日、大風雨。

二十六年夏五月、拳匪肇亂，全省戒嚴，州牧張樹勳嚴禁邑人演習其術，境內以安。

三十二年、設小學及師範傳習所。

按三十一年、停科舉及歲科試，本年、就牟平書院，改設高小學校及師範傳習所。此為牟平學制改革之始。

三十三年、設勸學所。

按勸學所歷經改組，現為縣政府第五科。

濟南山東印刷局承印

同年、設巡警局。

按二十八年，裁綠營兵，改練巡警，本年、縣設巡警局。此為牟平兵防改革之始，嗣後歷經改組，至今稱公安局。

三十四年四月、邑民李東周等因霸壂，組合三教大會，聚衆滋事，壂務局總辦杜秉寅擊散之。

先是光緒三十二年、本省壂務局價賣崑嵛山荒，附近居民李東周等，發生誤會，羣起霸壂，爾時崑嵛山左右廟產，多被提充學款，久為一般把持廟產者與僧道所反對，由是乘機互相聯合，組成三教大會，於三十四年四月、聚衆二千餘人，蜂擁進城，毆警毀學，大鬧三日而退。知州何恩錫情急，乃以勸學

濟南山東印刷局承印

員紳勒捐激變等情上聞，經上峯先後派員查辦，未得要領。該會復於六月二十三日、作第二次進攻，長驅入城，與官紳尋仇。時綏務局總辦杜秉寅帶衛隊來城，該會擁衆直撲公館，當經衛隊開鎗射擊，閉城捕獲百餘人，分別懲辦，會衆由是解散。杜總辦乃具詳、將何恩錫革職查辦，州視學王照琴敎育會長常理基孫實怡一併褫革拿問。總斯案之結果，鄉民於溽暑之際，刑後受傷死者十數人，李東周繫獄，光復後釋歸即斃，瘐死府獄者五人，紳學之寃，至清亡始得昭雪。

宣統二年春、鼠疫流行，死人無算。除夕至元旦、大雨水，河流如夏日。

同年、城區議事會董事會成立。

三年、縣議參兩會成立。

按此爲牟平自治開辦之始。

中華民國元年春一月一日、即宣統三年十一月十三日，此後紀年用陽曆。

元年一月二十三日、革命軍入城，知州劉印昌出走，改知州爲民政長，公推王瑞菖暫攝。

時胡經武在烟台設立都督府，遣左雨農率革命軍昏夜攻城，由勸學所長李書潤，倡率同志内應，開門迎入，派警送走知州劉印昌，地方設立軍政府，以州同王瑞菖暫攝民政長。

二年三月、改寧海州爲寧海縣。民政長爲縣知事。

濟南山東印刷局承印

秋、霪雨害稼。

三年春二月、改寧海縣為牟平縣。

三月、解散縣上下級議會。

七年、設警備隊。

按警備隊歷經改組，現為民團隊。

八年、自夏徂秋無雨，歲饑。

同年、設地方財政管理處。

按財政處歷經改組，現為縣政府第三科。

九年、設勸業所。

按勸業所歷經改組，現為縣政府第四科。

濟南山東印刷局承印

十四年、張宗昌督魯，旅部畢庶澄，遣其營長李世澤駐牟平城，縱兵赴鄉，敲詐刑逼，邑民苦之。

同年、田賦正附稅捐外，每銀一兩，加征軍事特捐二元二角、營房捐一元。

六月、省公署發行定期有息金庫券九十萬元，七月、發行有息金庫券九十二萬元，十一月、發行有息三月金庫券九十萬元，行使各縣。

十五年、田賦正附稅捐外，每銀一兩、加征討赤捐四元二角，軍事特捐一元，河工特捐四角四分；派銷善後公債十二萬元。

三月、省公署發行有息六月金庫券九十萬元，八月、發行無息七

濟南山東印刷局承印

月金庫券四十萬元，行使各縣。

夏、股匪李奎五、竄入縣境，據城西娘娘廟小山數月，四出焚掠搶架；秋、棲霞紅槍會，竄入縣西南部；冬、縣西南部發現大刀會，蔓延於四甲地口崮頭大河東磨山一帶；後各經軍警及鄉團剿平。

十六年春、田賦正附稅捐外，每銀一兩、加征賑濟特捐一元，河工特捐六角六分，河工附捐二角二分，汽車路附捐五角五分，軍事特捐二元；秋、每兩復征討赤捐八元。

十七年春、田賦正附稅捐外，每銀一兩、加徵軍事特捐四元，汽車路附捐八角七分，河工特捐六角六分，河工附捐二角二分；又向地方索款十萬元，令商富均攤。

六月、雜軍方永昌據膠東、駐蓬萊，遣劉選來以一旅駐牟平城。向牟平索款二十萬，田賦每銀一兩，加征軍事特捐八元五角。

自十四年後，征斂繁苛，民不堪命，本年田賦，每銀一兩，增至二十五六元之鉅，張宗昌甫去，方永昌又來，悍吏催科，急如星火，遂激成馮家集毆殺警役之變。（本年七月、警役至馮家集一帶，催征過急，被鄉民毆殺十二役八警，遂聚衆為自衛計；時值方永昌勢衰，不暇催征，乃減額緩期，諭衆退散。至劉珍年駐烟，重行催征，欲示威以懲後，十月、命何益三率隊下鄉，焚段家村，俘鄉農百餘人以歸，指定八人梟首，餘悉刑囚。）經此一番威脅，二十萬捐款，如數征齊，除方永昌挾走六萬外，（係征時北鄉先繳者）其餘全歸劉珍年。

八月、雜軍劉珍年據膠東，駐烟台，嗣歸中央改編，遣其師長何益三駐牟平城。

本年五月一日、國民革命軍入濟南，張宗昌出走，三日、日本軍攻濟南，發生「五三慘案，」國民軍旋設省政府於泰安。時雜色軍隊四起，方永昌劉珍年皆張宗昌舊部，方先據膠東，劉取而代之，駐軍烟台，自稱軍長，嗣經中央編為師部，膠東十餘縣，均在其勢力範圍中，牟平密邇烟埠，城堅可守，劉尤倚為奧區，命何益三駐軍城中，給養皆取之地方。計自本年六

濟南山東印刷局承印

月，劉選來軍隊駐牟，八月、即由何益三代之，至明春劉張戰事前，在此期間，給養費已達十萬元以上。

同年、改縣公署為縣政府、知事為縣長。

十八年春、張宗昌率匪兵攻劉珍年於烟台，劉退保牟平，張復合褚玉璞圍攻之，相拒二十六日，劉突圍夜出，張褚兵潰，張逃回大連，褚在福山城被劉擒獲，後殺之於牟平城。

十八年春、張宗昌忽佔領龍口，號稱統帥，聯合褚玉璞徐鶴亭等，各率其舊部，有衆二三萬，悍然東犯；劉珍年出兵西迎拒之，戰不勝，三月二十七日、退據牟平城，四郊堅築壁壘，與之抗爭。四月十四夜、出城分路襲擊，互有勝負，二十三

濟南山東印刷局承印

日、大索城中，得三萬元，未及拂曉，統其全軍，出城吶喊，冀得破圍而出，是時夜色蒼茫，敵疑有援兵至，各率隊分路逃。劉珍年乘勝追擊，張宗昌踉蹌夜奔烟台，急搭輪赴大連去；褚玉璞等斂兵退保福山城，劉珍年晝夜圍攻，福山城不能支，俘褚玉璞徐鶴亭蘇馨齋紀子誠張鳴九孫興周李震劉玉宸及俄人白哈夫九人歸，分兩處拘禁；褚之親屬，輦金五十萬求釋，劉受之而不赦，十一月某夜、一律祕殺之，褚屍瘞於北門內，餘八人合葬於東城根。

是役也，戰區內之死難者，男女不下三十人，焚燬及拆除之房屋數百間，其他財物損失之價值，難以數計，供給軍用米

濟南山東印刷局承印

草等項、價值十三萬七千餘元。

同年秋、設縣法院。

九月、縣黨部務整理委員會成立。

十九年春、田賦正附稅捐外，每銀一兩，加徵特捐五元。

劉珍年於十七年冬、蓬黃作戰，曾借給養費二萬一千三百九十二元零，十八年春、借軍需品價共十三萬七千二十六元零，退守城內時，借民戶三萬元，共借款十八萬八千四百十九元零。十八年秋、遵省令報告地方軍事借款，准其隨粮帶征，兩年歸還。本年上忙，每兩加征特捐五元，共征十一萬七千九百四十四元零，除歸還民戶借款三萬元外，餘仍被駐軍扣用。秋

濟南山東印刷局承印

八月、劉珍年委田育璋署縣長，省政府加委。

先是十七年秋、劉珍年初據烟台，即委其部下郭培武長牟，十八年，改委劉朝棟，先後皆以貪酷聞；至本年、改委田育璋，在任二年之久，上承劉部意旨，下飽私囊，榨取民財，數達百萬以上。

時劉珍年又在牟平設清理官產分處，委其表弟李文田為主任，張振東副之。偽造部照，強賣城鄉各處校產，及人民公有牧場山荒會地殆盡；嗣官產處吞款案發，劉則赦李而處張以極刑。

冬、劉珍年索款十四萬元，令縣內富戶農商均攤。

二十年一月、劉部給養費，歸田賦攤收，每月供兩萬元。

按此款至二十一年，地方向劉部請減，准減三分之一，仍由田賦攤收。

同年、縣立初級中學開班。

先是十九年秋，創辦縣立鄉村師範，本年改為中學。

二十一年二月、縣設長途電話事務所。

三月、設各區區公所，各區鄉鎮公所，各區聯莊會。

先是二十年秋，劃全縣為十自治區，本年設區公所，區長以訓練合格人員充任之；並設各區鄉鎮公所，鄉鎮長由各區公舉；每區各設聯莊分會，會長由區長兼任，縣長充總會長。

秋九月、討逆軍第三路總指揮兼山東省主席韓復榘討走劉珍年。委宋憲章署縣長，悉除從前苛政。

二十二年、取銷縣法院，由縣政府兼理司法。

冬十二月、省令通緝前任牟平縣長田育璋，並查抄家產。

二十三年十一月、裁撤區公所。

二十四年九月、縣黨部奉令結束。

冬、八十一師來牟剿共，肅清後、留營長王士彬駐城。

十二月、大寒。

查十二月氣溫表，溫度低至冰點下一三・九度，翌年一二月、寒尤甚，沿海口岸封凍，舟不得行。

濟南山東印刷局承印

（清）李祖年修　（清）于霖逢纂

【光緒】文登縣志

民國二十二年（1933）鉛印本

文登縣志卷十四

災異

天災人害乃陰陽五行沴氣所聚聚之久而反其常其始甚微其終甚鉅爲春秋書災而不書祥聖人之意若曰令人喜不若令人懼也又春秋之例有螽無麥與會盟征伐編年並列蓋天災人害病民則同弭禍防患但賴人事以補救之今將舊志所載兵事災異二門合並爲一而削平寇亂與出粟賑饑易禍爲福者各書於本事之下止奸除暴感召和嘉人事既得天復其常則不得委爲氣數之適然矣

魏

魏武時東牟人王營聚衆三千餘家脅昌陽縣爲亂長廣太守何夔遣王欽等授以計略旬月皆平三國志何夔傳

按東牟即漢海州漢舊縣昌陽即文登亦漢舊縣昌陽與東牟鄰壤故王營脅之爲亂晉元康八年始移昌陽於今萊陽縣耳今昌陽故城中水衝土裂無數瓦礫或毀於王營之亂不可考矣

隋

隋政荒天下大亂四方盜起淳于難據文登高祖武德四年淳于難降 新唐書

唐

會昌元年秋雨雹破瓦害稼

府志開元二年文登地內湧出金銅佛像四
此蓋古剎所陷水衛佛見無關災祥也

宋

淳化元年大饑　靖康末盜起城陷學舍悉爲煨燼 郭長倩學宮記

金

天會六年大水

大金國志天會八年立劉豫於大明府國號大齊改元阜昌將山東百姓六十以下
二十以上皆簽發爲兵每畝田科錢五百玉清宮記齊阜昌中法令苛急賦役繁重

大定十六年旱蝗

貞祐二年甯海郡儀搆亂入崑崙山焚燬寺宇殆盡玉清宮記貞祐末饑饉薦臻陰陽爲沴干戈迭興

元

元貞元年冬十月大水　二年冬大水　大德元年饑八月大旱　天歷二年大饑　至順元年大饑 元史文宗紀至順元年甯海州文登牟平縣饑賑以糧三千石

至正二十三年虸蚄生

明

永樂四年倭寇威海衛指揮扈甯力守三日都督統兵來援始退　六

年倭犯靖海衛指揮僉事鄭剛帥百戶逆戰敗績是年倭寇成山頭掠白峯頭羅山等寨始置備倭都司　十四年倭舟三十二艘泊靖海衛之揚村島都督同知蔡福等率兵合山東都司兵擊之

正統六年大饑義民邢智出雜糧一千一百石賑之詔旌其門

成化六年大饑義民畢叔廣曲興楊斌等各出粟助賑詔旌其門

宏治十六年大旱知縣李敬賑之是時連歲旱沴威海王敬谷鄒等各出穀濟衞人旌授義官

正德元年七月初六日大雨海水忽逆流三十餘里禾稼淹沒　四年大飢人相食　七年三月十三日文山始皇廟內鐘鼓齊鳴少頃殿焚是日流賊劉六劉七等攻入縣城營衛不救縣內大亂鄉官于通生員

鞠鉞鉞妻于氏罵賊死之（舊志誤作六年）　八年四月隕霜殺稼飛蝗蔽日
十一年旱潦爲災
嘉靖七年大饑死者載道　十二年大饑邑人陳諫出粟賑之死者爲之掩埋　十八年秋大水澤頭集李鐙家有龍破壁而出雹隨之　二十五年大水九月雨雹地震如雷　二十六年大饑鄉官蕭磐白於當路修城池招商買先世積穀數千石盡散與饑民多所全活　三十一年倭犯靖海衛指揮使商祖堯等擊退之　三十三年大祲且疫癘邑人楊舉埋葬二百餘人威海衛丁時舉郭珩畢卿等俱出穀助賑旌授義官　三十四年倭船阻風泊威海之栲栳島官軍不能前數日持刀出官軍獲之

隆慶四年秋大水禾稼盡淹漂民廬舍南門外河水泛漲城不沒者三版邑人邵梗禱於大士水退因築抱龍庵以鎮之

萬曆四年三月風雨狂暴禾苗盡傷　八年萬石山崩　十年秋雨雹湯泉溢豆蟲傷　十三年大饑　十七年秋大雨　二十五年地震有聲次年開礦礦使侵擾山脈鑿岡多被鑿斷　四十一年七月初七日午有黑氣自東北來飆風暴作大雨如注經三晝夜廬舍傾圮老樹皆拔禾稼一空　四十三年大旱自三月不雨至七月初九日始雨又至九月不雨蝗蝻徧野人噉木皮城幾罷市邑人邵君儀煑粥賑之全活者衆　四十四年大饑斗粟千錢人相食餓殍載路村舍爲墟知縣張九經煑粥賑之邑人于東齊出積穀數百石給散貧民鄉官劉啓先煑

粥賑饑農人石國富亦出粟助賑威海衛指揮僉事陶繼祖捐俸煑粥多所全活

泰昌元年春淫雨夏旱七月初八日大風拔木折屋壓死人物甚衆禾稼盡毁馬頭海口傷運船九十六艘溺死水工百餘人知縣孫昌齡有申風災文詳名宦

天啓元年四月十八日風傳賊至百姓驚竄自文登至昌邑八百里訛言時日皆同秋地震　二年蝗　六年五月管山等里雨雹大如雞卵東西八十里二麥俱傷閏六月大雨淹禾七月大風拔木

崇禎十一年春不雨夏蝗飛蔽天食穀殆盡秋螽蝝徧野蝗復大起無禾　十二年飛蝗蔽空饑　十三年大旱飛蝗蔽天傷稼秋大饑　十

四年大饑斗粟錢二千民死大半人相食　十六年二月　大兵駐登州萊棲甯文四州縣皆失守十三日破成山衞　十七年李自成分賊黨刑某爲邑令萊陽鄉官宋璜起義兵殺之王志李自成陷京師分賊黨君子營僞官各省邢某令文登不一月萊陽鄉官宋璜起義兵討賊遣數騎詣縣斬僞令於城下邑人葬之香巖寺東路旁寒食諸節尙有以紙錢數百爲之掃墓者又相傳邢某善術數預知死日果驗

國朝

順治七年春夏旱秋大水禾稼盡淹知縣倘可學煑粥賑之　十八年秋棲霞于七倡亂據岠嵎山禪教寺匪僧常和尙與張振綱等共謀攻縣城十月十九日常和尙自禪教寺率衆聚於香巖寺城西等處張振綱自侯家集率衆聚於三里廟城東等處放火焚掠圍縣城知縣李蕃

澄守禦七晝夜都司王允升以二百騎來援射中張振綱賊退保文山廟允升以火攻之焚死無算城得以全

康熙元年常和尚復聚衆據崑嵛山文登營副將劉進寳乘雪攻山常和尚逃至青石菴自縊磔其尸巢穴悉平　四年地震大旱巡撫周有德具題蠲免本年租賦　七年六月十七日地大震聲如雷城垣民舍多傾圮烈風三日禾稼盡傷饑　九年冬大雪平地丈餘人多凍死十二月崑嵛紫金嵓崩　十年六月十三日大雨海溢漂損廬舍禾稼盡淹衝壓田地二百五十餘頃知縣邵沆有申水災文蠲免本縣錢賦十分之二　十一年文登營雨雹稻盡傷　十六年十二月知縣吳闓啓同守備潘元亮在察院放餉尅蝕餉銀怨言煩興梟卒劉天成等乘機

發難露刃譁譟元亮踰牆走天成刃傷閻啓擁至文登營毘盧庵中閻啓創漸平匿不報　十八年四月總兵何傳訪知劉天成潛匿蓬萊擒斬之傳首營中副將吳起龍令全營孝服泣迎爲總河靳輔所劾知縣免議吳起龍伏法遂裁左營改設甯福營　二十一年五月初六日雷震塌縣署二堂　二十四年三月大風拔木　二十八年春饑　三十年七月飛蝗突至食禾東至十里頭遭雨斃之　三十五年水大饑知縣朱應文煑粥分賑之三十六年春發常平倉穀賑之民有餓死者鄉官于其珝施粥賑濟死者掩埋之　四十年五月文登營兵譁譟火炮擊碎轅門衆聚文山聲言副將葉紀宣淫不道凌虐兵丁知縣佟國瓏出城曉諭始歸營總兵劉官統遂劾紀不職並擒倡難者斬之、四十二年春大水五月大旱至八月不雨大饑人相食　上命截漕自直沽口入海旗員四人分賑文登自十一月起至明年五月止是年夏秋復疫民死幾半蠲免三年田租　七月海賊寇威海衛總兵王文雄躬往調度放炮一日賊在洋中演劇自若文登營副將張陳武欲乘舟火攻文雄不許相持數日賊乃颺去　四十三年春仍饑民死大半榆皮柳葉皆盡至食屋草黃山集聚賊數百晝入人家刼掠張陳武夜率精騎百人擒其渠魁餘皆散去　四十八年秋雨傷禾稼饑　五十六年八月雨雹　五十八年七月大雨水溢漂溺廬舍禾稼盡傷迎仙都尤甚知縣王一夔申請於桃花村開廠賚粥自十二月起至明年四月止仍借穀接濟

雍正二年冬大雪　四年饑邑人湯之翰捐粟賑濟　九年春飢

乾隆四年先旱後澇飢　五年春　詔免關口糧稅關東糧艘入境不絕又開倉平糶民不爲災是年五月雨雹　十一年夏大雨傷禾　十二年春旱六月淫雨帀月十三日高村河西厓突開一洞深杳無底其夜雷雨附近村落地皆震前此人見泉源中物有鱗角疑爲龍至是騰去七月十五日烈風拔木雨復大作禾稼盡傷　十三年秋飛蝗蔽日蠲租賦　十七年大水饑巡撫阿奏令商人赴關東採買雜糧免其征稅糧艘接入民賴全活邑人王廷選徐伸出粟賑饑知縣旌其門　二十年七月大風雨傷禾稼屋垣傾圮者半　二十六年冬大雪雁鳧多凍死　三十一年夏大旱　三十二年三月大風拔木折屋　三十六

年二月大風拔木越二日又大風　三十七年春大旱　三十八年六月初二日雨至九月止傷禾稼屋舍傾圮饑　三十九年二月大風連日折屋拔木八月蝗　四十年夏大旱八月雨雹　四十二年五月雨雹　四十六年六月大風雨傷禾折屋　四十七年春旱五月大雨雹傷禾稼八月大雨浹旬禾稼半死穀穗生芽　四十八年二月大風折屋自正月至五月不雨　五十年八月雨雹　五十一年正月大風雨土歲大饑邑人劉日和施糜粥賑之　五十三年秋多雨　五十四年五月大風　五十六年七月大風雨　五十八年八月大雨雹　五十九年夏旱　六十年夏旱螟食禾秋無雨

嘉慶元年春雨水　二年夏旱　三年海洋盜船泊於文榮間之石島

鏌鋣島登岸刼掠居人驚竄文登營巡禦乃靖暘谷小識　四年正月地震七月大風雨傷禾稼　六年自春至秋無雨草木盡枯大饑　七年十月蝗食麥苗殆盡　八年春大雪　九年七月大風禾稼盡傷　十年七月雨雹　十一年四月雨雹　十二年五月雨雹　十五年野狼噬人　十六年四月地震五月初三初四震初五初八十四日震六月九月又震是年春旱秋大水大饑　十七年春大饑道殣相望斗粟千餘錢榆皮柳葉採食皆盡疫死者無算知縣宋銘申請平糶發常平倉穀設廠五處至麥熟止　十八年狼復爲害　二十一年狼害更烈合縣召募獵戶協力捕之至二十三年始息　二十三年六月大雨平地水深數尺抱龍河自城之東南隅決入郭家河南關居民皆溺於水典史

王書山募人腰繩拯救多所全活　二十四年六月大風雨禾盡傷饑
道光元年秋雨水螟食禾殆盡八月人患痧症至十月止　三年六月
地震　十五年有雙桅夾板夷船一隻駛入內洋檄沿海口岸嚴杜奸
民接濟旋抵威海口閱三日抵崆峒島知府英文總兵周志林馳往驅
逐旋出洋南去是年春旱六月雨四十餘日乃止禾菽淹沒知縣歐文
申請平糶發常平倉穀三千石　十六年春復出穀三千石以濟民貧
二十一年正月二十六日大風雪人畜凍死無算　二十七年饑甘
泉寺僧廣志出雜糧數千石貸於附近貧民　自十五年後海賊屢刦
商舟拘人勒贖官軍戰多不利二十九年官募廣東艇船捕之多所斬
獲　三十年六月登州水師後營經制外委范景增（腄州人）遇賊於劉公

島外力戰死之義勇孫峨等四十一名同遇害威海公設神牌於東城文昌閣下祀之

咸豐二年二月大風晝晦　三年七月大風雨傷禾稼　七年夏蝗不爲災　十年夷船大至始泊威海口奪民船爲筏遂由烟臺入天津　十一年春徐州捻匪李成張閔刑等東竄由青萊至登州放火焚掠暋害居民九月初六日入甯海初七日薄城下初八日焚甯之關廂初九日東犯邑境文榮兩縣合力守崑崙山口三十餘處鄉民更番堵禦憑高據險勇氣百倍邊馬屢至衆揪巨石衝擊之賊不能入初十日遂南犯海陽等處

同治元年於山口南北築立石牆計長一百六十餘里是年秋獷疫大

作民多死亡　六年捻首任柱賴蚊光張總愚等率衆十餘萬搶渡運河東竄萊州五月抵萊陽犯海陽行村寨等處遂攻烟臺爲洋礮所卻大帥定棄地困賊之策於膠萊河西岸築立長牆分兵扼守萊登諸縣徧遭蹂躪村無完戶六月十五日賊撲甯海州去邑密邇知縣陳汝楫出示曉諭居民辦理守城事宜並諭各村丁壯齊赴山口防禦榮城知縣亦催人赴口賊於甯海海陽等處搶刼焚掠知文榮有備卒不敢近山口一步石牆之力也

光緒二年夏大旱草木葉皆枯秋大雨禾盡傷大饑三年春復大饑知縣王廷錦紳耆畢瀚昭等籌春貸秋還之法共貸富民銀萬餘兩分給各鄉貧民復發倉穀濟之全活甚衆威海則候選同知王沛借貲召商

羅關東雜糧源源接濟北海饑民無餓死者　五年五月大雨四十餘日不成災六月十四日大風拔木折屋禾稼盡偃　十七年七月十一日大雨海溢河水暴漲東南鄉之高村集東北鄉之橋頭集西南鄉之周格莊望仙莊嶺東村澤頭集橋上村邢家島姚山頭諸處衝毀廬舍數千間田地萬餘畝自嘉慶二十三年大水至是六十餘年復遭水害

十八年夏旱秋大雨　十九年春饑御史謝雋杭　奏請平糶緩征是年夏復旱秋歉收　二十年十二月日本由榮成之龍鬚島登岸二十五日陷榮成明年正月攻破威海水師提督丁汝昌以劉公島降自殉死十二日日本別部攻縣城破之山東巡撫李秉衡　奏發制錢五千貫知縣裘祖諤稟請開常平倉賑濟被寇難民

(清)畢懋第修
(清)郭文大續修
(清)王兆鵬增訂

【乾隆】威海衛志

清康熙十一年(1672)修乾隆七年(1742)續修民國十八年(1929)鉛印本

災祥

明

萬歷四十三年大旱　四十四年大饑指揮陶

繼祖煮粥賑濟全活甚衆

天啓六年閏六月大風拔木伐屋五穀摧折無遺　崇正二年指揮王運隆重修明倫堂成樑柱鬭筍處生木靈芝之一本狀如五色祥雲莖赤如丹色光如漆鮮明瑩潔精彩射人諸生結彩張樂以爲文明之慶　十三年饑　十四年大饑人相食

國朝

康熙三年旱　四年大旱巡撫周有德具

題蠲免本年租糧　七年六月十七日地震　九年冬大雪平地丈餘行人死者無算屋內亦有凍死者　十年六月大水蠲免租銀十分之二　十八年七月二十八日地震　三十六年饑　四十二年春潦夏旱秋賊船入寇登州甯福文登三營官兵屯聚物價騰貴　四十三年春大饑餓死者枕藉或燒死人食之夏秋瘟疫盛行民死幾半奉

詔連免三年田租　四十五年大有年　五十二年

詔免山東租 五十六年正月二十六日大雪極寒

繼以雨冰行人有倒斃道衢者

雍正元年大有年 二年

詔蠲免三年田租各十分之三冬大雪 九年春饑

乾隆四年先旱後潦秋成歉薄 五年春

詔免關口糧稅關東糧艘不絕又開倉平糶民不爲

災 六七等年春間俱有糧艘入口地方稱便

十七年大水次春饑甚巡撫阿

奏令商人赴奉天採買免其征糧艘銜尾而來商

海文登榮成三邑賴以全活

威海九華小學校重印

【乾隆】海陽縣志

（清）包桂纂修

清乾隆七年（1742）刻本

災祥

傳曰日食修德月食修刑君子凜天戒畏民碞被
躬潔行栗栗危懼顧春秋專言災異洪範並列休
徵意者過災而懼與持滿而謙均此敬天求民之
意耶嵩陽天末地邊蜃樓山市宜乎所見異辭所
聞異辭矣然我
國家承平日久光被海隅雖無麟遊鳳儀之奇亦鮮
神降石言之怪或者天災流行螟螣爲患旋即蠲
賑頻施

恩綸疊沛此史册之所必書而守令之當留意者于是
乎災祥有志

漢

永元四年東萊郡縣野蠶繭收萬餘石民爲絲絮

晉

太康六年長廣不其等四縣隕霜傷桑麻

八年九月木連理生東萊盧鄉

宋

元嘉六年九月長廣昌陽淳于邈獲白兎青州刺史

蕭思話以獻

唐

會昌元年秋雨雹昌陽文登尤甚破死害稼

金

天會六年登州等處大水

十一年水旱免其租

明昌二年秋旱大饑

元

大德六年六月萊陽等縣饑賑穀粟萬六千石

至正二十三年萊陽等處蝗蝻生

明

永樂六年地震聲如雷

七年復震

成化十三年先旱後潦傷禾

十四年三月二十九日黄風大作六月十三日大

雨河水驟溢

十九年十月二十日空中如鼓聲望大星隕西北

弘治五年大旱

正德三年饑

四年大饑人相食

八年飛蝗蔽日

十一年秋大水

嘉靖七年大饑死者枕路

十二十三十四年蝗災禾稼殆盡

二十七年登屬邑地大震城崩屋圮塌者甚多

三十四年十二月二十九日卯初見日生四珥俱
紅色在北有光芒奪日

三十五年六月二十日夜南方一星忽光吐丈餘
羣星有三十餘南奔

三十六年無麥

三十七年大饑

四十年大饑

隆慶二年三年春俱大饑

萬曆七年六月晦夜大雨平地水溢廬舍盡圮

二十二年饑

二十五年冬地震有聲

二十六七年春又震

四十一年七月七日大風拔木

四十三年大旱饑

四十四年春大饑人相食賑銀粟

四十六年秋虫尤旗見長亘東方

天啓元年四月十九日訛傳賊至婦女奔走竟夜至詰旦寂然不知所以自文登至昌邑八百里時

曰皆同人謂之曰鬼兵
崇禎七年春沙雞見來自海島鼓翼作殺殺聲五月
地震
十一十二十三連年蝗旱秋大饑
十四年疫人死甚衆
十五年二月大風拔木壞廬七月地震有聲
十六年二月鸛鳥翔空飛蔽天日
國朝順治元年春牛生犢一體兩首
六年夏牛大疫

七年秋七月大雨水深丈餘

八年春饑

十四年鵲巢于地

十五年冬縣東南諸村每夜見白衣漢持石擊人出與敵輒不見五月乃息

十七年秋七月縣東南西庄見黑龍二大風隨之火光數道傷禾壞廬拔彭家庄生員李葆久園古柳下成潭九月有沙鷄自南北飛

十八年夏蕉鳴樹上四月內見數日並鬬歷十五

日乃滅十二月二十九日雷

康熙元年春徐惟平妻生男四目四手四足夏四月大疫人死甚衆冬十二月二十七日無雲而雷

二年春正月初二日流星大如月光燭地自南而北初九日無雲而雷二十三日戌時有聲如海嘯自西南起至子時方息十一月沙鷄至

三年夏五月旱至秋七月乃雨八月十七日地震

冬十月彗見至臘月初八日始滅

恩詔免租銀十分之二

四年春彗復見夏大旱冬十一月朔無雲而雷

恩詔免賦一年

六年季春朔日大雪蝗生數日皆自死旱無麥

七年六月十七地大震房舍多圮

八年春三月十二日雪

十年水

恩詔免租銀十分之三

十一年秋七月飛蝗不甚害稼旋投海死

三十年秋七月飛蝗遍天不甚害稼後自死

三十三年春三月饑

三十六年大饑

四十二年春澇夏旱大饑巡撫王國昌題報

上命截漕自直沽口入海賑濟差旗員四人分賑自十一月起至四十三年五月止仍以侍郎辛保總理之是年通省饑饉又值錢法更易行使不便夏秋復遭瘟疫民死大半榆皮柳葉採取一空

奉

詔連免三年田租

四十八年秋雨傷禾饑

五十二年

詔免山東租

五十六年八月雨雹

五十八年七月大雨漂溺房垣禾稼盡傷

五十九年七月十六日酉時有赤氣自東南起倏

如白練橫亘向西北去有聲如雷

雍正元年饑

詔免租銀十分之一

十一年潦

詔免租銀十分之一

乾隆元年

詔免租銀十分之三

五年五月二十四日乳山鄉魯濟野子龍山橋花

四社雨雹不成災

六年大有年

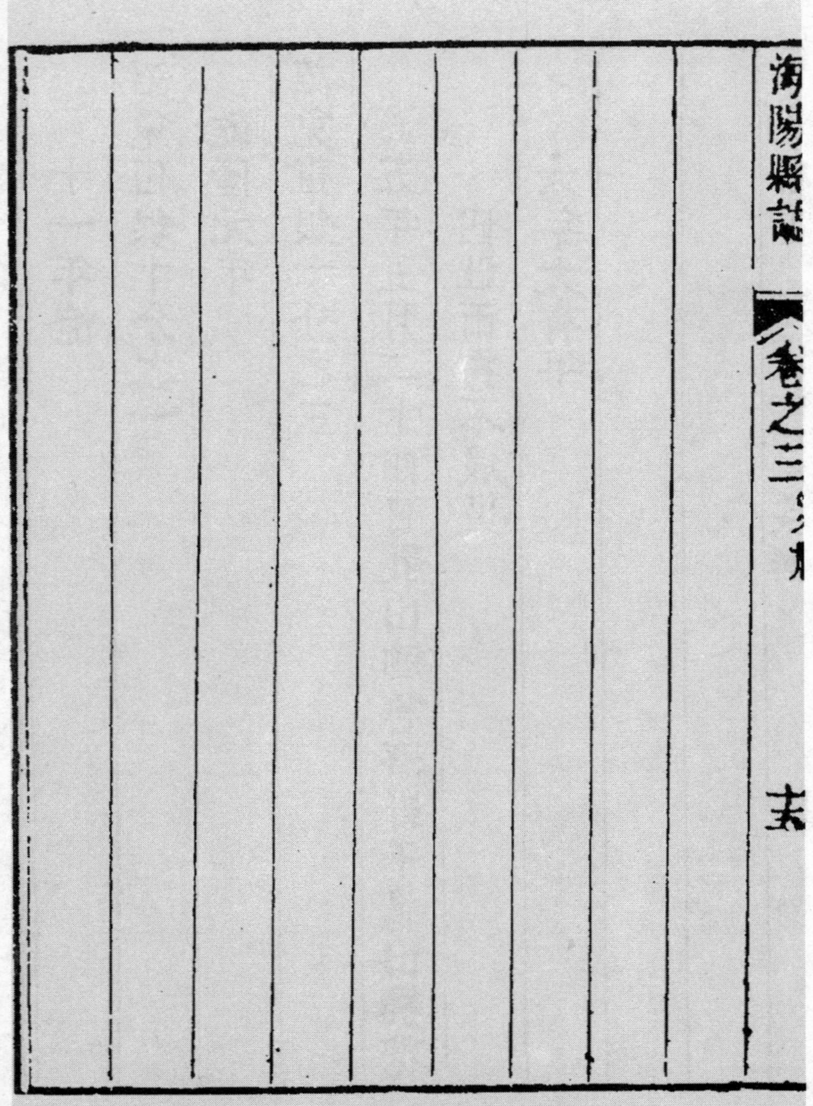

海陽縣誌 卷之三

（清）王敬勳修　（清）李爾梅、王兆騰纂

【光緒】海陽縣續志

清光緒六年（1880）刻本

災祥門

螽螟水旱麟筆詳登康彊逢吉洪範所稱災雖畢錄祥豈無憑偏災偶值賑濟頻仍流離失所當事哀矜三男壽考　盛世休徵國恩家慶　景運振興壽之邑乘徵畏相承續災祥

順治十八年辛七逆黨徐海門攻撲衛城被官紳擊敗康熙元年正月大兵勦巢穴全匪盡蕩

乾隆五十一年大饑奉　憲賑濟

嘉慶十七年大饑奉　憲賑濟

道光元年霍亂流行死者甚衆

十六年大饑奉　憲賑濟瘟疫流行死者甚衆

咸豐六年秋飛蝗蔽日不爲災及冬地多蝻子知縣

王文燾親率民夫掘取淨盡

十一年捻逆竄擾縣境焚掠殺傷甚衆

同治六年六月捻逆復至邑城鄉圩並力戰守且有

大兵尾追其後故受害較前稍減及冬平之

八年四月二十五日林寺鄉澇泊村一帶大雨雹

拔大木數十株沖去牛數十頭村外積雹成堆

高七尺餘水深四五尺禾苗全沒二麥不登

十一年牛大疫死者甚衆

光緒元年林寺鄉榆林莊東山有潭深數丈忽見空

際紅黑雲中似有龍形隱現潭中突出白氣衝

雲狂風大作拔木走石移時方息

二年沿海一帶旱饑奉　憲賑濟

祥瑞

雍正十三年保舉八十以上老民劉世義會逢

恩詔賞給八品頂戴

道光二年嵩山鄉民趙應章五世同堂

三年乳山鄉民杜魏林寺鄉民王楷俱五世同堂

奉文各賞給銀九兩緞一匹七葉衍祥匾額

十一年辛卯科致仕四川黔江縣知縣楊會寅重

賦鹿鳴宴時年八十有三

本城民八孫洪妻高氏一產三男賞米五石布

十四折銀十兩地丁坐支

二十年林寺鄉民姜瑄五世同堂

咸豐元年嵩山鄉民黃蘩年一百二歲會逢

恩詔賞給七品頂戴昇平人瑞坊銀三十兩

二年行村鄉民趙涫五世同堂

恩賞如例

林寺鄉監生王日霨年一百歲

同治八年乳山鄉民隋元春妻藺氏一產三男

恩賞如例

十三年嵩山鄉民李廷簡妻王氏一產三男

【道光】滎成縣志

（清）李天騭修　（清）岳賡廷纂

清道光二十年（1840）刻本

災祥

唐

武宗會昌元年秋雨雹破房害稼

宋

淳化元年大饑

元

成宗元貞二年十月大水

大德元年七月大饑
文宗天歷三年大饑
至順元年大饑
順宗至正二十三年蝝蝷生
明
正德元年七月初六日大雨海溢港水逆流三十里
禾稼渰没地變爲鹹鹵
八年飛蝗蔽日
十一年旱潦不收

嘉靖七年民饑死者載道

十八年秋大水

二十五年大水九月初二日雨雹地震如雷

三十四年十二月二十九日卯初日生四耳紅赤光芒奪目

隆慶四年秋大水禾稼盡渰漂民居室

萬曆四年三月二十七日風雨狂暴禾苗盡傷

十年秋再雨雹豆盡傷

十三年春大饑

十七年秋大雨

二十五年地震有聲次年開礦礦使侵擾　自此至

三十七年地無歲不震與宋慶歷中一轍

四十一年七月初七日午有黑氣自東北來異風暴

作大雨如注

四十三年秋蝗蝻遍野食禾幾盡

四十四年春大饑人相食斗粟千錢

四十八年七月初八日大風拔木折屋海口傷運船

九十六隻溺死水工百餘人

天啓元年四月十八日風傳賊至百姓驚竄秋地震

二年蝗

三年四年五年俱大豐雨暘時若瑞雪三尺野禾雙穗

六年閏六月大雨渰禾七月大風拔木

崇禎十二年飛蝗蔽空饑

十三年夏旱饑

十四年大饑斗粟二千餘錢民死大半有殺人而食者

國朝

順治七年春夏旱秋大水禾稼盡渰

康熙三年十月望後彗星出光芒丈餘

四年地震大旱巡撫周有德具題蠲免本年租糧三

月初旬長庚晝見

七年正月二十五日西南白氣如匹練六月十七日

戌時地大震者三聲如雷城垣民房倒塌十之三

四二十六日烈風三日禾稼盡傷

十年六月大雨三日海嘯河水逆行漂損廬舍禾稼

盡蠲本年錢糧

十八年六月初一日巳時地震

二十一年八月初一日彗星晝見至十一日始滅

二十四年三月十二日大風拔木十二月二十四日丑時地震

二十五年六月二十八日戌時有星自東南起大如斗明如日穿南斗入天河不見卽聞天鼓響四五陣

二十六年十二月十七日子時地震

二十八年春饑六月初一日巳時地震

三十五年水大饑

四十二年春潦夏旱大饑巡撫王國昌題報

上命截漕自直沽口入海賑濟自十一月起至次年五月止是年通省饑饉又值錢法更易行使不便夏秋復遭瘟疫民死大半其慘至食屋草啖人肉

詔連免三年田租

四十八年秋雨傷禾稼饑

五十二年

詔免山東租

五十八年七月大雨漂溺房垣禾稼盡傷

五十九年七月十六日酉時有赤氣自東南起倏如

白練横亘向西北去有聲如雷

雍正元年大有

二年

詔連免三年田租各十分之三冬大雪

乾隆元年十一月二十四日地震二十六日又震

四年先旱後澇秋成歉薄

五年春

詔免關口糧稅闢東糧艘不絕民不爲災

六年七月彗星見西方至十二月始滅　大有

十二年七月十五日大風雨禾稼盡傷

十三年飛蝗蔽日是年蠲租

十四年十月二十二日大風泛海死者甚衆

十六年淫雨害稼兼雨雹民多饑死巡撫鄂容安具

題賑濟一月

十七年大饑米騰貴流亡載道死傷積野巡撫阿奏

令商人赴奉天義州採買免其征糧艘銜尾而來

寧海文登榮成賴有餘黎

十八年雨暘時若禾豆豐收

二十六年大雪雁息多凍死

三十年前二月十一日地震者屢六月大水地畝衝

壓壞屋傷人

三十一年春柴貴夏大旱

三十二年三月二十一日大風拔木發屋六月二十

日辰時地震

三十四年秋彗星見

三十五年七月二十九日晚北方紅光燭天

三十六年二月二十四日大風拔木發屋二十六日又大風

三十八年六月初二日雨至九月乃止傷禾稼房屋半傾是年饑

三十九年二月初二日烈風飛沙走石發屋拔木天地昏黑

四十年夏大旱八月十七日亥時地震

四十八年自正月至六月無雨米價湧貴

五十一年正月初七日大風拔木雨土

五十三年多雨是歲歉收

五十五年十月初六日地震

五十六年十月初九日地震

五十九年入伏後兩月無雨禾稼歉收

六十年正月初八日晚巽風忽起連日大雪極寒二麥大半凍死夏旱螟食禾歉收秋無雨麥無苗

嘉慶元年二月有聲如雷自東北向西南

二年十一月二十二日天鼓鳴

三年入伏至秋後始雨歲歉收

四年正月二十五日卯時地震

六年四月有星見於北方色赤如火狀西折如龍皃

秋六旱草木盡枯冬饑

七年有年

八年春大雪

十一年正月至五月底潦荒

十二年七月彗星見西方至十月始沒豆豐收

十五年正月十七日黃霾充塞夜大風五月雨雹豆

畝多水衝沙壓秋無豆十二月二十五日大雨除

日又大雨

十六年與乾隆十六年景同

十七年春大饑穀價較常三倍民多死亡秋豆豐收

二十二年四月初八日未時地震如雷

道光元年春澇夏旱秋蝗大饑緩征

四年秋旱歉收

六年行海運民苦於役

十三年夏初旱後澇禾豆歉收

十五年自六月至七月連雨四十餘日禾菽存者十之一二知縣盧中致捐賑自十六年正月起至五月初止

十八年夏四月青魚灘等處蝗蝻孳生知縣李天隲率鄉民捕打數日淨盡是年夏秋俱豐稔刻有捕蝗簡便法

十九年自四月至七月大雨連綿麥澇傷豆歉收十月十二日雷大震十六至二十三連日大雨

按洪範念用庶徵誠以雨暘燠寒風皆五事之驗

人感而天應也王省惟歲卿士惟月師尹惟日一

邑必志災祥則師尹爲先念之哉省之哉

【乾隆】沂州府志

（清）李希賢修　（清）潘遇莘、丁愷曾纂

清乾隆二十五年（1760）刻本

州府志卷之十五

記事

古今來廢興存亡之迹不可一端盡也多則棼略則漏將揭庶政之綱維垂千古之法戒使讀者一披閱而千百年之故迹瞭如指掌非編年不足以志之夫各志之編年災祥兵火未嘗不記恆慮罣漏實多茲於七屬志書而外稍爲補其缺而正其誤凡無關本郡及散見各門者略之故詳於歷代之變與民生之興耗與夫朝廷之軫恤能保其無遺乎尚俟後人匡其不逮焉

記事上

唐

舜攝行天子之政殛鯀於羽山

禹敷土海岱及淮惟徐州淮沂其乂蒙羽其藝厥田惟上中

厥賦中中厥貢惟土五色羽畎夏翟

夏

后癸乙亥二十有三歲伐蒙山有施氏

周

成王元年淮夷徐戎並興魯侯伯禽誓師於費

魯隱公二年夏五月莒人入向　冬十月紀子帛莒子盟於密

[illegible]四年春二月莒人伐杞取牟婁　六年夏五月公會[illegible]

侯盟於艾　七年夏城中邱　八年春三月鄭伯使宛來歸

祊　秋九月辛卯公及莒人盟於浮來　九年冬公會齊侯

於防在費縣　十年公會齊侯鄭伯於中邱

桓公五年城祝邱

莊公八年齊鮑叔牙奉公子小白出奔莒　九年夏公伐齊

納子糾桓公自莒先入齊人歸管仲於齊鮑叔受之及堂阜

而稅之

閔公二年秋八月共仲奔莒莒人歸之及密而死

僖公元年冬十月公子友帥師敗莒師於酈獲莒挐公賜季

友汶陽之田及費　二十六年正月公會莒茲丕公甯莊子

盟於向

文公七年冬徐伐莒公孫敖如莒涖盟　十二年季孫行父帥師城諸及鄆　十八年冬莒太子僕弒其君庶其

宣公四年春正月公及齊侯平莒及郯莒人不肯公伐莒取向　十一年公孫歸父會齊人伐莒　十三年春齊師伐莒　十六年秋郯伯姬歸　十八年秋七月邾人戕鄫子於鄫

成公四年冬城鄆　七年春吳伐郯　秋八月戊辰公會晉侯齊侯宋公衛侯曹伯莒子邾子杞伯同盟於馬陵　八年冬十月晉士燮來聘言伐郯也季孫使宣伯帥師會伐郯　九年冬十一月楚公子嬰齊帥師伐莒庚申莒潰楚人入鄆

十四年正月莒子朱卒黎比公立

襄公四年冬十月邾人莒人伐鄫臧紇救之敗於狐駘　六年莒人滅鄫　七年春郯子來朝　夏城費（南遺爲費宰叔仲昭伯爲隧正欲善季氏而求媚於南遺謂遺請城費吾多與而役故季氏城費）　八年莒人伐魯東鄙以疆鄫田　十年秋莒人伐魯東鄙　十二年春三月莒人伐魯東鄙圍台季孫宿帥師救台遂入鄆　十三年冬魯城防

十四年正月季孫宿叔老會晉士匄齊人宋人衛人鄭公孫蠆曹人莒人邾人滕人薛人杞人小邾人會吳於向晉執莒公子務婁　夏莒人侵魯東鄙報入鄆　十六年三月公會晉侯宋公衛侯鄭伯曹伯莒子邾子薛伯小邾子於溴梁

晉人執莒子邾子以歸以侵魯故 十七年齊高厚帥師伐
魯北鄙圍防 十九年冬城武城 二十年春及莒平孟莊
子會莒人盟於向 二十三年齊侯襲莒 門于且于傷股而退明日將復戰期
于壽舒杞殖華還載甲夜入且于之隧宿于莒郊明日先遇
莒子於蒲侯氏莒子重賂之使無死曰請有盟莒子親鼓之
從而伐之獲杞
梁莒人行成 二十四年秋七月齊崔杼帥師伐莒 三
十一年冬十有一月莒人弒其君密州
昭公元年春三月季武子伐莒取鄆 秋莒展輿立而奪群公
子秩公子召去疾于齊齊公子鉏納去疾爲著邱公展輿奔
吳叔弓帥師疆鄆田於是莒務婁瞀胡及公子滅明以大厖
常儀靡奔齊 四年秋九月取鄫 五年夏莒牟夷以牟

婁及防茲奔魯　秋七月公至自晉莒人來討戊辰叔弓敗
諸蚡泉　七年晉人來治杞田季孫將以成與之謝息為
孟孫守不可季孫與之桃謝息以無山與之萊柞乃遷於桃
四月甲辰朔日有食之及降婁之次　十年秋七月季孫意
如叔弓仲孫貜帥師伐莒取郠　十二年季平子不禮於南
蒯南蒯以費叛如齊　十四年南蒯之臣司徒老祁慮癸
因民之欲叛也請朝而盟劫南蒯遂奔齊　秋八月莒著丘
公卒郊公不戚國人弗順欲立著丘公之弟庚輿蒲餘侯惡
公子意恢而善於庚輿郊公惡公子鐸而善於意恢公
子鐸因蒲餘侯而與之謀曰爾
殺意恢我出君而納庚輿許之　冬十二月蒲餘侯茲夫殺
意恢郊公奔齊公子鐸逆庚輿於齊齊隰黨公子鉏送之有

賂田　十七年秋邾子朝魯　十八年夏六月邾人入鄅鄅人藉稻邾人襲鄅鄅人將閉門邾人羊羅攝其首焉遂入之盡俘以歸鄅子曰余無歸矣從帑於邾邾莊公反鄅夫人而舍其女　鄅夫人宋向戌之女也故向寧請　十九年春宋公伐邾圍蟲三月取之乃盡歸鄅俘

秋齊高發帥師伐莒莒子奔紀鄣使孫書伐之　二十有二年春二月甲子齊侯伐莒莒子如齊涖盟　二十三年莒子庚輿虐而好劍國人將叛遂奔魯齊人納郊公　二十六年秋公會齊侯莒子邾子杞伯盟於鄟陵

定公五年子洩爲費宰　公山弗擾以費叛　十二年仲由爲季氏宰墮費　十四年魯城莒父及霄　子夏爲莒父宰

哀公三年夏季孫斯叔孫州仇帥師城啟陽　七年夏公會

吳於鄫　八年吳伐魯子洩率故道險從武城　十四年郎微

王三十九年夏五月莒子狂卒　田常割齊自安平以東至琅邪

自爲封邑安平在臨淄東十里琅邪今沂密等縣皆是　十七年公會齊侯盟於

蒙

考王十年楚簡王滅莒

顯王十四年齊威王使其臣檀子守南城

赧王三十一年燕樂毅破齊齊湣王奔莒子法章立爲襄王

秦

始皇既併六國分天下爲三十六郡置琅邪郡東海郡郯

詳沿革

二世元年陽城人鄧說將兵居郯章邯別將擊破之走陳陳王誅鄧說時陵人秦嘉等皆將兵圍東海陳王使武平君畔爲將軍監郯下軍秦嘉不受命　二年秦嘉起兵於郯

漢

高帝二年項羽北至城陽田榮將兵會戰不勝走至平原民殺之項羽復田假爲齊王田橫收齊王卒得數萬人返城陽擊假假走楚楚殺之　四年冬十月漢將韓信襲破齊齊王廣東走城陽　十一月韓信追北至城陽虜齊王廣　六年冬十二月以膠西膠東臨淄濟北博陽城陽郡七十三縣立外婦子劉肥爲齊王　封丁復爲陽都侯

惠帝二年齊悼惠王朝呂后欲酖之齊內史士說王獻城陽郡為魯元公主湯沐邑后喜乃歸齊王　春正月癸酉有兩龍見於蘭陵廷東里溫陵井中至乙亥夜去

文帝元年罷城陽國　淄川地震　二年封劉章為城陽王

四年城陽王薨子喜立　封齊悼惠王子賢為武城侯

十一年城陽王喜徙淮南城陽郡屬齊　十五年復置城陽國　十六年淮南王喜復徙城陽改武城侯賢為淄川王

後元年城陽王喜薨子延立

景帝元年春三月填星在婁入奎　中元五年封王信為蓋侯

太始三年春二月幸東海　元朔二年春正月詔曰梁王城陽王親慈同生願以邑分弟其許之　五月甲戌封共王弟劉豨等三人爲侯　四年春三月乙丑封共王子嬰等九人爲侯　元狩元年封頃王子昌等十八人爲侯　三年海曲大水　五年城陽王延來朝薨子義立　元鼎五年嗇酎奪列侯爵城陽十七人與焉

始元三年鳳凰集東海遣使祠其處　熒惑在婁入奎　元鳳五年夏四月燭星見奎婁間

元康三年封張彭祖爲陽都侯　本始四年夏四月壬寅地震山崩　甘露四年封魯孝王子强爲東安侯

初元元年大饑人相食　建昭二年冬海曲大雪深五尺

鴻嘉二年城陽孝王子雲立一年薨無嗣以弟俚紹封二十八年王莽貶爲公尋廢　天鳳四年呂母作亂　琅邪樊崇起兵於莒同郡人逄安東海人徐宣謝祿楊音各起兵合數萬人從崇攻莒不下遂去至姑幕擊莽探陽侯田況大破之

地皇三年赤眉別校董憲作亂王匡廉丹擊之匡敗走廉丹戰死

東漢

建武元年更始以王閎爲琅邪太守張步據郡拒之閎諭降

二年夏封劉祉爲城陽王　三年春二月劉永立董憲爲

海西王（海西即日照見劉永傳） 四年使平敵將軍龐萌與蓋延共擊董憲萌反襲延軍破之與董憲合帝自將破之 秋七月董憲屯昌慮（今滕縣） 招誘五校餘賊拒守建陽（在沂州） 後五校乏食引去帝大破之憲及龐萌走保郯 八月吳漢拔郯董憲龐萌走保朐吳漢進圍朐 耿弇陳俊破張步步降 五年陳俊爲琅邪太守始入境盜賊皆散耿弇復引兵至城陽降五校餘黨齊地悉平 六年吳漢等拔朐斬董憲龐萌山東悉平 七年琅邪啓陽南門一柱飛徙洛陽 十三年封城陽共王子堅爲高鄉侯 十五年封東京爲琅邪公 十七年晉京爲琅邪王 六月廢皇太子彊爲東海王立東海王陽

爲皇太子改名莊
永平二年京以泰山郡之蓋南武陽華東萊郡之昌陽盧鄉東牟益琅邪　五年京就國都莒　六年琅邪王來朝
建初二年冬十二月戊寅彗星出婁三度百有六日　六年春二月辛卯琅邪王京薨子夷王宇立　七年琅邪王宇朝京師　元和三年琅邪井水冰
永元元年城陽嘉禾一莖九穗　二年春正月乙卯金木俱合於奎　丙寅水又在奎　辛未水火木在婁　日有食之在奎八度
永初三年秋七月海賊張伯路等寇濱海九郡擊走之　元

初四年春二月乙亥朔日有食之在奎九度

永和六年春二月丁巳彗星在奎一度

永壽元年置琅邪都尉官　二年公孫舉東郭竇等寇青兗徐三州司徒尹頌薦段熲拜中郎將擊斬之　八年罷琅邪都尉官　延熹三年琅邪賊勞丙泰山賊叔孫無忌攻琅邪屬縣中郎將宗資討平之

光和六年琅邪井中氷　五年彗星出奎逆行入紫宮六十餘日

興平元年曹操迎父嵩於琅邪陶謙爲徐州牧襲殺之操引兵擊謙謙敗走郯操攻之不克　建安元年東海蕭建爲琅

邪相治莒　四年曹操遣臧霸入青州破東安　十一年立故琅邪王容子熙爲琅邪王　李典樂進破海賊管承承入海　二十一年曹操殺琅邪王熙國除

魏

景初元年秋九月大水

晉

太始元年封叔父伷爲東莞王倫爲琅邪王　四年秋九月大水　五年大水　咸寧三年徙琅邪王倫爲趙王徙東莞王伷爲琅邪王皆遣就國　太康元年平吳設青州詳沿革　二年雨雹　四年秋大水　六年春三月隕霜殺桑麥二一龍見於東

莞 十年分琅邪置東莞郡詳沿革

永熙元年以東安公繇為尚書左僕射晉封東安王繇免

元康五年夏四月有星孛於奎 六月大水 六年隕霜殺麥禾

永嘉二年春三月劉淵將王彌分遣諸將攻掠青徐兗三州

建興三年漢劉聰青州刺史曹嶷據東方郡縣

東晉

大興元年秋八月蘭陵東莞二郡蝗 二年泰山太守徐龕以郡叛破東莞遣太子左衛率羊鑒為征虜將軍督徐州刺史蔡豹等討之 夏四月甘露降於臨沂 三年夏四月甘

路降琅邪費縣　秋八月徐龕降石勒

大寧二年春正月後趙將兵都尉石瞻攻東莞　三年[illegible]縣

大水

咸康二年春正月彗星在奎　夏六月辛未流星出奎中沒

婁北　旱饑

永和元年趙石虎虐徐民流叛　七年春三月戊子歲星熒惑合於奎

咸安元年桓溫廢帝奕爲東海王又封海西縣公　按東海海西皆沂州府地也但非實封故不詳記

太元十一年琅邪費縣榆木連理　十五年秋八月蝗　大

水　十九年燕主慕容垂破秦斬苻登命遼西王農安南將軍尹國畧地青兗琅邪諸郡奔潰農進軍臨海徧置守宰

隆安三年燕慕容德自琅邪引兵而北以南海王法爲兗州刺史鎮梁父進攻莒城守將任安委城走德以潘聰爲徐州刺史鎮莒城

義熙二年南燕王備德卒兄子超襲位兗州刺史慕容法與北地王鍾徐州刺史段宏反超遣濟陽王凝及韓范等攻徐州兗州莒城拔段宏奔魏濟陽王凝謀殺韓范范攻凝凝奔梁父范並將其衆攻梁父克之法奔魏凝奔秦　三年[illegible]月太白晝見在丕　二月熒惑塡星太白辰星聚於奎婁

五年劉裕伐慕容超至琅邪次東莞登團城超敗績遂執之

青州平

宋

元嘉五年白雉見東莞　秋七月白鹿見東莞　八年莒縣松栢連理　二十八年魏師破青徐等六州

泰始三年秋八月魏東徐州刺史成固以成團城地形志魏置南青州於團城胡三省曰團城在沂水縣按此時張讜守團城則團城又一城也　冬十一月分徐州置東徐州以輔國將軍張讜為刺史讜時守團城就置東徐州以刺史命之　四年魏尉元遣使說張讜以團城降魏魏以中書侍郎高閭對為東徐州刺史同鎮團城　七年冬十月命北琅邪蘭陵二

郡太守垣崇祖經略淮北入魏境七百里據蒙山此指舊琅邪蘭陵郡也魏收志蒙山在東安郡新泰縣東南　十一月魏東兗州刺史于洛侯擊之崇祖引還

梁

天監五年秋七月丙寅桓和擊魏兗州拔固城固城在今費縣　上遣角念將兵屯蒙山招降兗州　將軍蕭及屯固城桓和屯孤山魏邢巒遣統軍樊魯攻和別將元恒攻及統軍畢祖朽攻念壬寅巒大破和於孤山恒拔固城祖朽擊念於蒙山梁師敗績遂克蒙山　十年瑯邪民王萬壽殺東莞瑯邪二郡太守劉晰梁紀誤作鄧晰據朐山魏徐州刺史盧昶遣郯城戍副張

天監琅邪戍主傅文驥赴朐山詔振遠將軍馬仙琕擊破之　普通五年冬十月彭寶孫拔魏東莞壬戌裴邃攻壽陽之安城丙寅馬頭安城皆降　大通元年將軍彭羣王辨圍魏琅邪魏青州刺史彭城王劭遣司馬鹿悆南青州刺史遣長史劉仁之擊之梁師敗績

北齊

太和三年秋七月己未客星見房心入奎婁六十九日

隋

開皇六年莒縣大水　十一年以劉曠為莒州刺史　十四年冬十一月癸未有星孛於虛危及奎婁　十五年兗州大

水　大業三年春二月彗星見於奎　五年莒大饑　八年莒大旱　十年冬十二月東海賊帥彭孝才轉掠沂水留守董純討平之　十二年魯郡賊徐圓朗攻陷東平略地至琅邪

唐

武德二年海岱賊徐圓朗以數州之地請降拜兗州總管

貞觀三年秋大水　八年莒縣大水

總章元年莒縣旱饑

永隆元年沂州大水

開元三年蝗　四年蝗

貞元元年夏莒縣旱蝗　六年春閏三月熒惑犯填星在奎

元和十五年春三月填星太白合於奎　冬十二月熒惑填星合於婁

長慶三年八月有大星流經奎婁

開成五年夏蝗

會昌四年秋八月丙午有大星入奎婁

乾寧四年朱全忠破朱宣盡有兗濰沂密之地

後唐

天成三年春正月金水合於奎

後晉

天福七年蝗

後漢

乾祐元年密州蝝

宋

乾德五年春三月五星聚奎　六年春正月壬寅歲星填星太白合於奎　開寶八年夏六月沂水大雨

端拱元年夏閏五月辛亥有星出奎如半月北行而沒　一年大旱

景德三年密州莒縣蝗　沂州軍賊王倫等作亂出六一居士集

慶曆八年莒縣大水

元祐六年冬十二月有星孛入於奎　紹聖三年秋九月沂州地震

崇寧四年蝗　五年春正月彗出西方自奎入婁　大觀四年彗出奎婁自此以後金人劫二帝北行淮北盡爲金有故不記宋而記金

金

天眷元年夏六月乙巳客星出奎宿　正隆六年冬十月宋李寶及宿遷人魏勝敗金主亮舟師於日照縣石臼島　明昌二年旱大饑　太和六年旱　蝗

太安二年益都人楊安兒攻掠莒密改元天順其僞元帥郭

方三據密州掠沂海李全據臨朐山東路統軍撫使僕散安貞敗之沂州防禦使僕散留家略定膠西等縣賞差伯德玩襲殺郭方三其後安兒入海死　三年劉二祖作亂安貞遣提控紇石烈牙吾塔擒斬之及僞泰謀崔天祐僞太師李思溫僚衆保大小峻角子山（在日照出僕散安貞傳）昌樂縣令术虎桓都臨朐縣令兀顏吾丁福山縣令烏林答石家奴壽光縣巡檢紇石烈醜漢破李全於日照縣田琢承制各遷官一級進職一等（出田琢傳）　貞祐四年丙子盜郝定陷新泰（蒙陰屬新泰）　興定元年李全歸宋襲莒州取之　二年春宋以李全爲京東路總管　夏五月招撫副黃摑阿魯答襲破李全於莒州及

日照之南　六月李全寇日照博興紇石烈萬奴敗之　三年李全說金張林以青郡密十二郡歸宋　正大四年李全破元圍降以青州降元爲山東行省　貞祐四年夏四月丁酉太白晝見於奎北十有六日　六月丙申歲星晝見於奎百有一日

按淮北數千里殺戮塗炭皆李全之所爲也李全濰縣人驍勇無賴初楊安兒爲盜李全與兄福亦聚衆數千及金討斬安兒安兒妹四娘子楊妙真善騎射統其衆全以衆附之遂與妙真通值金政衰亂宋室偷安全遂襲破莒州克密州青州山東之地幾盡爲所有陰陽於宋金元之間

其百姓受毒始於楊安兒中於李全及妻楊氏終於義子李璮後全攻揚州陷泥淖中衆碎其尸楊氏北回數年死

李璮降元咎必赤史天澤斬之

元

太宗五年癸巳金人以近海等州降　莒州萬戸重喜築十字路城

至元十九年大疫

元貞五年大水　十年饑

大德元年妖星出奎　秋九月又犯奎　天德二年蝗　七年蟲食麥　十年大水

延祐元年春三月[illegible]縣莒州大水　六年大水　七年饑
至治元年春正月太白熒惑填星聚於奎三月亦如之
太定元年大水
天歷元年夏五月沂州大饑賑　二年莒州蝗　三年沂莒
二州饑　至順元年秋大水
元統二年冬十月朔赤氣亘天　至元二年日照饑　五年
莒州饑　秋七月沂沭二河橫溢臨沂大水　至正四年秋
八月蒙陰莒州地震　七年春二月地震　十一年冬十一
月孛星見奎婁　十三年春三月太白辰星聚奎　十七年
劉福通將毛貴陷青州諸邑　十八年蒙陰縣饑　十九年

沂水日照饑　二十三年秋八月丙辰沂州有赤氣亘天中有白氣如蛇行夜分乃滅　二十七年夏六月丁卯沂州東蒙山巨石崩聲震如雷　冬十月明大將軍徐達遣人至沂州諭元鎮將王宣父子宣遣子信納款且奉表賀平張士誠上遣使授信行省平章聽達節制密諭達宣父子詭詐宜勒兵趨沂州觀變十一月遣徐唐臣等諭王宣從征宣不欲行令信往莒密募兵爲備佯來犒師既還即叛達即日進兵討之宣出降令宣爲書招信信與兄仁走山西達以反覆戮之諸縣皆降

明

洪武元年始置郯城縣　冬十月火逐金過齊魯分　靑州亂民孫古樸等襲莒同知牟魯死之事在洪武初年附此　五年冬十二月敕中書命有司考課必有學校農桑之績日照知縣馬亮考滿無課農興學之效黜之　十五年始建縣學頒卧碑於學宮　十九年饑　二十四年饑　二十六年冬十一月兖州大水　二十七年日照江伯兒殺子事聞定旌表例

永樂十三年饑　十八年大饑　蒲臺妖婦唐賽兒犯莒州

宣德八年夏莒州旱饑

正統三年兖州饑　五六年兖州蝗　十一年兖州大水

十三年雷震沂州城門

景泰三年兗州霖雨　四年冬十一月日照大雪海皆凍
五年春正月太白歲星合於奎　秋八月兗州大水　七年
春三月太白熒惑合於奎　大水　天順元年霖雨大饑
成化四年費縣大饑　疫　夏六月大水　九年春三月蒙
州莒鄉隕一時殺霜　大饑饑人相食　十三年沂州郯城
地震　十五年莒州進瑞麥嘉禾　十七年沂州大饑饉人
相食　蒙陰苗家驢産麒麟　十八年大水　二十一年春
至秋不雨　蝗災人相食
弘治五年沂州蝗　大旱饑人相食　六年春大旱　費縣
蝗

正德三年大旱人相食　六年春三月霸州賊劉六劉七盜發明等數萬人攻日照蒙陰沂州費縣沂水皆破之日照典史余清義官司福死之　秋七月劉六等又攻日照縣指揮賈鼎戰敗指揮石磐開門遁城破知縣李茂被執後釋之　九月劉六等復破日照沂水費縣等十城攻安東衛幾陷　七年春正月流賊楊虎率衆攻費縣城　八年沂州知州朱衮詳請都司鎮守不使設兵備道　十年冬十一月沂州郯城地震　十四年秋八月郯城大水　十五年費縣大饑　疫

嘉靖元年秋九月礦徒王堂率衆掠費縣　二年莒州地震大水　三年冬沂州郯城費縣大饑人相食　四年春費

縣大饑　五年夏費縣大旱　六年秋費縣蝗　冬大寒
七年春費縣蝗　秋蝗　冬十月沂州星隕如雨　十年沂
州麥秀兩岐　十三年青州兵備道康天爵築寨於日照之
巨峯以防鹽徒分青州衛官軍莒州日照士兵守之　十五
年秋沂郯大水　冬十月有星隕沂州城中　十六年夏費
縣大水　有星隕於郯城化爲石　十七年春不雨　夏淫
雨無麥禾　賊季遷宗等以十六騎攻莒州范國卿禦之
十八年費縣莒州大旱饑　疫　夏四月雨雹　秋七月旱
辛卯夜日照大風雨海水溢岸五里　十九年冬十月日
照縣西南有氣如火黑氣從中截之　二十年費縣大旱

沂日照蝗　二十二年春三月沂州日照郯城費縣地震

二十三年春沂州費縣大水　二十四年春沂州隕霜殺禾

夏旱　蝗災　四月雨雹　二十五年夏沂州費縣郯城

大水　秋八月沂州郯城地震　二十六年費縣杏樹開梨

花　二十九年春費縣旱　三十一年秋七月費縣郯城蒙

陰沂水大水　三十二年郯城費縣莒州蒙陰沂水大水

大饑　三十三年沂州郯城費縣莒州蒙陰大饑人相食

三十四年秋費縣蝗　三十七年夏四月費縣雹　三十八

年夏莒州大旱　蝗　冬疫　四十二年春莒州大疫　秋

費縣旱災　八月費縣地震　四十三年日照大饑　四十

四年春莒州大風　夏大蝗

隆慶元年夏四月郯城雨雹　二年沂水大水　三年秋七月郯城莒州日照大水　六年秋七月蒙陰郯城大水

萬歷二年秋七月沂州費縣郯城大風雨饑　四年冬十一月沂州費縣雨血　大星隕　五年秋九月彗星見　六年冬十一月大雨雪人畜多死　七年春正月朔沂州郯城雷震雨雪　日照麥秀兩岐　八年春正月龍見於沂水之[illegible]城　秋七月龍見於郯城之南　九年秋沂州隕大星　十年莒州柿樹連理　十一年夏四月費縣雨雹　莒州蝗　六月郯城大雨　秋七月沭河溢　八月雨雹　十二年

[illegible]三月至七月不雨[illegible]大[illegible]　十三年

四十五三年郯城至日照旱饑　十八年日照自春正月不雨至夏五月　二十年莒州地震　二十一年夏淫雨沂州莒州蒙陰日照饑　二十二年大饑　春二月日照海水退十里　二十五年秋八月莒州不雨永沸　三十年秋八月費縣地震　三十一年秋沂州大水饑　三十四年沂州馬陵山地陷丈餘　三十五年夏沂州大水　冬十一月向城地震　三十六年春夏沂州莒州大旱　秋大水　冬十月沂州地震　三十八年旱　夏四月莒州費縣地震　四十年秋莒州大風雨　冬十二月晦莒州雷電　四十二

年秋莒州費縣大水　莒州大疫　四十三年乙卯大旱蝗蠲賑　沂州劉好問聚衆刼掠兗東道沈珣滅之　四十四年大饑人相食命御史過庭訓賑濟許有力者納粟捕蝗補庠生　四十五年費縣蝗　四十七年蚩尤旗出東方掃奎

天啓二年春三月太白經天　鉅野縣人徐洪儒以邪教聚衆數萬刼漕船陷鄒滕嶧鄆等十五縣沂州人爲內應州人總兵楊肇基同子楊御蕃都司楊國棟討平之　七年夏六月沭水泝沂州郯城等縣災

崇禎四年大水沂水蒙陰災　五年春沂州旱　夏六月始雨至秋　八月雨　海賊劉[illegible]等[illegible]縣之安家村百户所陸

奮敗之　六年夏四月郯城大冰雹　七年蝗　秋大水九月大雪　九年秋沂水溢郯城災大饑　十年夏太白晝見　秋九月奉旨行條鞭法　十二年大旱饑　十三年蝗大旱饑人相食　十四年蝗　大饑　兖州土寇史二姚三等率衆十萬掠沂水費縣蒙陰張問行擊敗之遂流入沂州郯城　秋七月姚三賊數萬復寇蒙陰沂州費縣　冬十二月李青山朱廸堂賊數萬復寇蒙陰巡撫王公錫總兵劉澤清平之　十五年冬十二月大兵破沂水蒙陰郯城莒州安東衛城　日照鷄媽至數月始絶凡烏出北方沙漠地見則有兵亂俗名沙雞　十六年李青山朱廸堂餘黨復反沂州遊擊楊衍楊肇基孫擒之

莒賊曹武生率賊千餘掠日照據九仙山爲諸城知縣程濤膠州連副將擊平之

沂州府志卷之十六

記事下

國朝

順治元年山東土寇蜂起攻日照等處秋九月大兵來鎮沂州民始安堵　三年查各州縣無主荒地俱報明開除日照知縣王士奇不報包納空糧自此始　大疫人畜死者甚衆夏五月沂州蒙陰大水　四年夏蒙陰沂水大水蠲賑莒州大旱　冬十一月土寇丁明吾陷蒙陰城知縣崔對死之至八年督府張存仁討平　除兵荒處逃亡人丁荒地五年夏莒州大雨兩月蠲賑　六年秋七月沂河溢　冬十

二月榆園賊杜冲等寇日照知縣仇寧率衆禦之　七年郯城日照大水　春正月榆園賊寇安東衛夏五月入沂水　八年春二月沂州西山賊王肖武陷郯城舉人杜之棟死之　夏六月大水蠲賑　榆園賊犯日照濤洛口　九年頒卧碑於學宮　費縣蝗　沂沭水溢　秋蒙陰大水饑　發旗兵討土寇王肖武滅之　十一年蠲免錢糧見卷首　十二年討榆園賊滅之　十三年蠲免錢糧見卷首　十四年頒賦役全書　十六年夏五月霖雨七州縣大饑

康熙二年設青駝驛　三年蠲免錢糧見卷首　春三月沂州日照雨雹　四年春大旱蠲[illegible]見卷　日照大雨雹　夏大

旱蝗　秋大水巡撫周有德疏奏蠲賑見卷首　五年自[illegible]蝗　蒙陰民滕氏家猪産象猝死　六年沂州郯城麥秀兩岐秋郯城穀亦如之　七年六月十七日地震　八年蠲免見卷首　九年地震　秋旱　冬十二月大雨雪人畜果木多凍死　賑濟莒州費縣　十年蠲免見卷首　秋八月莒州霜殺稼　地震　沂水大旱　蠲賑見卷首　蒙陰蝗忽有蝦蟆數萬食之始盡大稔　十一年夏四月沂州費縣雨雹　郯城曹莊龍鬬　秋七月蝗　地震　十二年設李家莊驛移青駝寺驛於徐公店又設垛莊驛於沂水　十三年沂州郯城費縣旱　十四年夏四月莒州霜殺麥　十七年旱　秋

大水沭水溢　十八年沂水莒州饑　蠲賑見卷首　頒

聖諭十六條　彗星見　春二月開海禁　十九年沂水蒙陰大水

蠲免田糧十分之三　冬十一月彗星見　二十二年夏

莒州大水饑　沂水麥秀兩岐　二十三年春沂州費縣郯

城大饑　蠲免見卷首　二十四年夏霪雨沭沂水決河有海

魚　苦淋雞夜啼城頭數十日　設沂郯海贛同知　二十

五年免山東地丁錢糧　二十八年蠲免見卷首　二十九年

蠲免錢糧見卷首　三十年

各省錢糧山東省係三十六年　三十一年莒州蝻　三十六

年夏六月莒州蝗　秋八月莒大霜　蒙陰災賑見卷首　三

十七年春莒州沂水饑 賑見卷首 費縣土寇林三卓王九龍等搶掠鄉村知縣惠潤會諸湯鎮巡檢陳茂桐擒之 三十八年費縣饑 賑 三十九年秋七月沂州莒州郯城大水 費縣有蟲食豆忽有鸛數萬食之豆大稔 四十一年夏六月沂水縣沂河溢 沂州郯城費縣大饑 四十二年大水無麥 冬無雪大饑 費縣蒙陰蠲賑見卷首 海賊掠日照之任家臺 四十三年自正月至夏五月不雨 六月大雨大饑 蠲賑見卷首 費縣二麥俱收秋大稔 四十四年頒訓飭士子文 莒州饑 賑 四十五年莒州豆害枯

四十八年春大雨三月沂州郯城大饑奉

旨賑濟　四十九年

上諭蠲免五十年錢糧歷年舊欠免徵　五十年禁增建寺廟　夏五月莒州解家莊有怪風木石俱飛　蒙陰沂水大水　賑　五十一年春郯城大水免本年田租十之二　五十二年蠲免丁地錢糧見卷首　五十三年蒙陰縣災　蠲賑見卷首　五十五年夏六月蒙陰大水　蠲賑見卷首　五十六年災賑蒙陰　五十七年秋七月日照縣大風拔木　莒州日照旱饑　五十八年春日照旱饑　秋大水　五十九年蒙陰等十五州縣安東衛等六衛所五十八年秋旱共未完緩征錢兩然之十六十二兩年帶征　冬邪教聚於大奔山捕之

寇□□人孔複興□□□徒擾掠費縣知縣汪灝民命兵丈

同都司□把總鄧均擒之　六十年大旱　費丹傷麥饑　□

聚沂州蒙陰　春蝗徒□餘人作亂蒙陰知縣高克讓發徒

兵□獲數人餘衆逃去　六十一年蒙陰沂水旱饑　為賑

秋七月郯城蝗

雍正元年　蠲免錢糧見卷首　沂州莒州蒙陰大旱　夏四月

大風晦　六月蝗　饑　二年夏六月莒州大風雨雹大饑

頒

聖諭廣訓　三年春正月莒州大雨雨後大旱三月沭河乾　五年

日照知縣劉翰書修安家口城防海　七年夏四月莒州雨

雹　蒙陰歲稔　八年六月初一日日有食之　十九日大風雨　賑濟見卷首　九年春大饑　賑濟見卷首　設兗莒沂道　十年春自正月至夏六月不雨莒州日照豆被蟲傷災　十一年春三月費縣水　莒州雪　夏六月大風四晝夜損禾　秋七月又大風損禾　蟲食豆　蠲免見卷首　沂州郯城大水　蒙陰地震　賑濟

乾隆元年夏大赦　二年日照饑免錢糧分數　三年夏莒山日照旱　蝗　五年秋八月日照縣有嘉禾　七年秋七月郯城大水　賑恤　冬十二月日照大雨雪樹多死　八年夏六月日照旱　冬十一月彗星見自危宿歷室壁及奎

度明年二月乃滅　九年日照海溢　蒙陰大雨雹　秋七月日照大風　蒙陰南保村生員李姓家牛産如麟尋死

十年蘭山郯城費縣日照水災賑恤　蒙陰大有　冬大雪

十一年夏四月莒州大雨雹　五月至七月大雨　六月莒州大風拔木自九月不雨至十二年春三月始雨大饑賑恤　日照縣海溢至東關水與城齊　沂水縣河水大溢

十二年築沂河兩岸復郯城堤河　春蒙陰大雨雪　郯城旱人相食　夏四月日照雨雹　五月蘭山郯城莒州蒙陰日照大水　蒙陰大疫　秋大饑　賑濟見卷首　十三年日照海溢　莒州大水　蘭山郯城費縣沂水蒙陰旱　蝗

蠲賑見卷首　十四年蠲免錢糧　十五年春蘭山郯城日照恒雨　賑　三月日照雨雹　夏六月蒙陰大雨　西北山崩　十六年蠲賑見卷首　秋七月日照大水　十八年蘭山郯城日照水災　賑　秋八月九月雨　二十年恒雨饑　賑　二十二年大饑　賑　二十三年蘭山莒州大有年　日照大旱饑